4주 28일
완성

학습 스케줄표

공부한 날짜를 쓰고 학습한 후 부모님·선생님께 확인을 받으세요.

1주

	쪽수	공부한 날	확인
준비	6~9쪽	월 일	확인
1일	10~13쪽	월 일	확인
2일	14~17쪽	월 일	확인
3일	18~21쪽	월 일	확인
4일	22~25쪽	월 일	확인
5일	26~29쪽	월 일	확인
평가	30~33쪽	월 일	확인

2주

	쪽수	공부한 날	확인
준비	36~39쪽	월 일	확인
1일	40~43쪽	월 일	확인
2일	44~47쪽	월 일	확인
3일	48~51쪽	월 일	확인
4일	52~55쪽	월 일	확인
5일	56~59쪽	월 일	확인
평가	60~63쪽	월 일	확인

3주

	쪽수	공부한 날	확인
준비	66~69쪽	월 일	확인
1일	70~73쪽	월 일	확인
2일	74~77쪽	월 일	확인
3일	78~81쪽	월 일	확인
4일	82~85쪽	월 일	확인
5일	86~89쪽	월 일	확인
평가	90~93쪽	월 일	확인

4주

	쪽수	공부한 날	확인
준비	96~99쪽	월 일	확인
1일	100~103쪽	월 일	확인
2일	104~107쪽	월 일	확인
3일	108~111쪽	월 일	확인
4일	112~115쪽	월 일	확인
5일	116~119쪽	월 일	확인
평가	120~123쪽	월 일	확인

Chunjae
Makes
Chunjae

▼

기획총괄	박금옥
편집개발	윤경옥, 박초아, 김연정, 김수정
	임희정, 조은영, 이혜지, 최민주
디자인총괄	김희정
표지디자인	윤순미, 김지현, 심지현
내지디자인	박희춘, 우혜림
제작	황성진, 조규영

발행일	2022년 11월 1일 초판 2022년 11월 1일 1쇄
발행인	(주)천재교육
주소	서울시 금천구 가산로9길 54
신고번호	제2001-000018호
고객센터	1577-0902

초등 문해력

독해가 힘이다

5-A 문장제 수학편

주별 Contents «

요즘 학생들은 책보다 스마트폰에 빠져 있고 모르는 어휘도 많아서 글을 읽고 이해하는 능력, 즉 문해력이 부족한 경우가 많아요.

수학 문제도 3줄이 넘어가면 아이들이 읽기 힘들어 하고 무슨 뜻인지 이해하지 못하는 경우가 많지요. 그래서 수학 문제를 푸는 데에도 **문해력이 필요해요!**

〈**초등문해력 독해가 힘이다 문장제 수학편**〉은
읽고 이해하여 문제해결력을 강화하는 수학 문해력 훈련서입니다.

매일 4쪽씩, 28일 학습으로
자기 주도 학습이 가능 해요.

《 수학 문해력을 기르는
준비 학습

준비 학습 문해력 **기초 다지기**
〈문장제에 적용하기〉

◇ 연산 문제가 어떻게 문장제가 되는지 알아봅니다.

1 25+5−19
= □ −19
= □

≫ 다음을 하나의 식으로 나타내어 구하세요.

25와 5의 합에서 19를 뺀 수

식 _____

2 90−(15+34)
=90− □
= □

≫ 다음을 하나의 식으로 나타내어 구하세요.

90에서 15와 34의 합을 뺀 수

식 _____

3 2000−(500+700)
=2000− □
= □

주희가 500원짜리 풍선껌 1개와 700원짜리 젤리 1개를 사고 2000원을 냈습니다.
주희가 받아야 할 거스름돈은 얼마인지 하나의 식으로 나타내어 구하세요.

식 _____

답 _____ 원

준비 학습 문해력 **기초 다지기**
〈문장 읽고 문제 풀기〉

◇ 밑줄 친 문장에 알맞은 식을 쓰고, 하나의 식으로 나타내어 구하세요.

1 진열대에 마카롱이 32개 있었는데
17개가 팔리고 21개를 더 진열했습니다.
지금 진열대에 있는 마카롱은 몇 개인지 하나의 식으로 나타내어 구하세요.

지금 진열대에 있는 마카롱 수를 구하려면
처음 개수에서 팔린 개수를 빼고 더 진열한 개수를 더한다.
32 − □ ○ 21

식 _____ 답 _____

2 세영이네 반은 남학생이 12명, 여학생이 11명입니다.
오늘 준비물을 가져온 학생이 19명이라면
준비물을 가져오지 않은 학생은 몇 명인지 하나의 식으로 나타내어 구하세요.

준비물을 가져오지 않은 학생 수를 구하려면
전체 학생 수에서 가져온 학생 수를 뺀다.
12+ □ − □

식 _____ 답 _____

3 생선 가게에서 꽁치 120마리를 10마리씩 묶어 바구니마다 담고
바구니 한 개에 30000원씩 받고 모두 팔았습니다.

▌문장제에 적용하기

연산, 기초 문제가 어떻게 문장제가 되는지 알아 봐요.

▌문장 읽고 문제 풀기

이번 주에 풀 문장제 유형의 가장 단순한 문장제를 풀면서 기초를 다져요.

1일~4일 학습

문제 속 핵심 키워드 찾기 → **해결 전략 세우기** → 전략에 따라 문제 풀기 → 문해력 레벨업 으로 이어지는 학습법

관련 단원 자연수의 혼합 계산

문해력 문제 6

똑같은 책 2권이 들어 있는 에코백의 무게를 재어 보니 1800 g입니다. /
여기에 똑같은 책 3권을 더 넣어 무게를 재어 보니 3750 g입니다. /
에코백만의 무게는 몇 g인지 하나의 식으로 나타내어 구하세요.
└구하려는 것

해결 전략

책 3권의 무게를 식으로 나타내려면
❶ (책 3권을 더 넣은 무게) — (책 2권이 들어 있는 에코백의 무게)로 쓰고

책 2권의 무게를 식으로 나타내려면
❷ (책 3권의 무게)÷3×2로 써서
└책 1권의 무게

> **문해력 핵심**
> 에코백만의 무게를 구하려면 책 2권이 들어 있는 에코백의 무게에서 책 2권의 무게를 빼자.

에코백만의 무게를 하나의 식으로 나타내 구하려면
❸ (책 2권이 들어 있는 에코백의 무게) — (책 2권의 무게를 구하는 식)으로 써서 계산하자.
└❷에서 쓴 식

문제 풀기

❶ 책 3권의 무게를 구하는 식: 3750 — 1800

❷ 책 1권의 무게를 구하는 식: (3750 — 1800)÷□

→ 책 2권의 무게를 구하는 식: (3750 — 1800)÷□×□

❸ (에코백만의 무게)= □ —(3750—1800)÷□×□= □ (g)

식 _____   답 _____

문해력 레벨업

무게의 차를 이용해 더 넣은 물건 1개의 무게를 구하자.

📘 책 2권이 들어 있는 에코백에 책 3권을 더 넣었더니 무게가 1800 g에서 3750 g으로 늘어났으니까 두 무게의 차가 책 3권의 무게이다.

에코백	책 2권	

에코백	책 2권	책 3권

0 g   1800 g   3750 g

문제 속 핵심 키워드 찾기

문제를 끊어 읽으면서 핵심이 되는 말인 주어진 조건과 구하려는 것을 찾아 표시해요.

해결 전략 세우기

찾은 핵심 키워드를 수학적으로 어떻게 바꾸어 적용해서 문제를 풀지 전략을 세워요.

전략에 따라 문제 풀기

세운 해결 전략 ❶ → ❷ → ❸의 순서에 따라 문제를 풀어요.

문해력 레벨업 수학 문해력을 한 단계 올려주는 비법 전략을 알려줘요.

문해력 문제의 풀이를 따라

쌍둥이 문제 → 문해력 레벨 1 → 문해력 레벨 2 를

차례로 풀며 수준을 높여가며 훈련해요.

5일 학습

HME 경시 기출 유형 , **수능대비** 창의·융합형 문제를 풀면서 수학 문해력 완성하기

1주

자연수의 혼합 계산

혼합 계산은 실생활 상황에서 활용되는 연산이예요. 물건을 여러 개 고르고 난 후에 물건값을 내고 거스름돈을 받거나 여러 모둠에 똑같은 개수로 물건을 나누어 주고 남은 수를 구하는 상황에서 약속된 혼합 계산의 순서를 알고, 순서에 따라 정확하게 계산해 보아요.

이번 주에 나오는 어휘 & 지식백과 🔍

10쪽 **드리블** (dribble)
농구, 축구와 같은 경기에서 손, 발, 채 등을 이용해 공을 몰아가는 일

11쪽 **모노레일** (monorail)
레일을 깔아 놓은 길이 한 가닥인 철도

11쪽 **미생물** (微 작을 미, 生 날 생, 物 물건 물)
눈으로 볼 수 없는 아주 작은 생물

15쪽 **지지도** (支 지탱할 지, 持 가질 지, 度 법도 도)
어떤 사람이나 단체의 주의 · 정책 · 의견 등을 찬성하여 이를 위해 힘쓰는 정도

24쪽 **OTT** (Over The Top)
인터넷으로 영화, 드라마 등 각종 영상을 제공하는 서비스

27쪽 **정전** (停 머무를 정, 電 번개 전)
오던 전기가 끊어짐.

🔵 연산 문제가 어떻게 문장제가 되는지 알아봅니다.

1 25＋5－19
= ☐ －19
= ☐

》 다음을 하나의 식으로 나타내어 구하세요.

> **25**와 **5**의 합에서 **19**를 뺀 수

식 ⎯⎯ 25＋5－19＝ ☐ ⎯⎯⎯⎯⎯⎯⎯⎯⎯

2 90－(15＋34)
＝90－ ☐
＝ ☐

》 다음을 하나의 식으로 나타내어 구하세요.

> **90**에서 **15**와 **34**의 합을 뺀 수

식 ⎯⎯⎯⎯⎯⎯⎯⎯⎯⎯⎯⎯⎯⎯⎯⎯⎯⎯⎯⎯⎯

3 2000－(500＋700)
＝2000－ ☐
＝ ☐

》 주희가 **500원**짜리 풍선껌 **1개**와 **700원**짜리 젤리 **1개**를 사고 **2000원**을 냈습니다.
주희가 받아야 할 **거스름돈**은 얼마인지 하나의 식으로 나타내어 구하세요.

식 ⎯⎯ 2000－(500＋700)＝ ☐ ⎯⎯⎯⎯

꼭! 단위까지 따라 쓰세요.

답 ⎯⎯⎯⎯⎯⎯⎯⎯⎯⎯ 원

4 $14 \times 3 \div 2$

$= \boxed{} \div 2$

$= \boxed{}$

>> 다음을 하나의 식으로 나타내어 구하세요.

> **14와 3의 곱을 2로 나눈 몫**

식 _____

5 $54 \div (6 \times 3)$

$= 54 \div \boxed{}$

$= \boxed{}$

>> 다음을 하나의 식으로 나타내어 구하세요.

> **54를 6과 3의 곱으로 나눈 몫**

식 _____

6 $50 \div 5 \times 3$

$= \boxed{} \times 3$

$= \boxed{}$

>> 귤 **50**개를 **5**상자에 똑같이 나누어 담았습니다.
이 중에서 **3**상자에 담은 귤은 몇 개인지 하나의 식으로 나타내어 구하세요.

식 _____ 꼭! 단위까지
따라 쓰세요.

답 _____ 개

7 $60 \div (3 \times 5)$

$= 60 \div \boxed{}$

$= \boxed{}$

>> 초콜릿 **60**개를
한 상자에 **3**개씩 **5**줄로 담으려고 합니다.
초콜릿을 모두 담으려면 몇 상자가 필요한지 하나의 식으로 나타내어 구하세요.

식 _____

답 _____ 상자

공부한 날   월   일

**준비
학습**

밑줄 친 문장에 알맞은 식을 쓰고, 하나의 식으로 나타내어 구하세요.

1 진열대에 마카롱이 **32개** 있었는데
17개가 팔리고 **21개**를 더 진열했습니다.
지금 진열대에 있는 마카롱은 **몇 개**인지 하나의 식으로 나타내어 구하세요.

> 지금 진열대에 있는 마카롱 수를 구하려면
>
> 처음 개수에서 팔린 개수를 빼고 더 진열한 개수를 더한다.
>
> 32 $-$ ☐ ◯ 21

식 _____ 답 _____

2 세영이네 반은 남학생이 **12명**, 여학생이 **11명**입니다.
오늘 준비물을 가져온 학생이 **19명**이라면
준비물을 **가져오지 않은 학생**은 **몇 명**인지 하나의 식으로 나타내어 구하세요.

> 준비물을 가져오지 않은 학생 수를 구하려면
>
> 전체 학생 수에서 가져온 학생 수를 뺀다.
>
> 12 $+$ ☐ $-$ ☐

식 _____ 답 _____

3 생선 가게에서 꽃게 **120마리**를 **10마리**씩 묶어 바구니마다 담고
바구니 한 개에 **30000원**씩 받고 모두 팔았습니다.
꽃게를 **판 돈**은 모두 **얼마**인지 하나의 식으로 나타내어 구하세요.

> 판 돈이 모두 얼마인지 구하려면
>
> 꽃게를 담은 바구니 수에 바구니 한 개의 값을 곱한다.
>
> 120 $\div$ ☐ $\times$ ☐

식 _____ 답 _____

4 연극 공연장에 의자가 한 줄에 **8개**씩 놓여 있습니다.
사람들이 줄마다 의자를 **2개**씩 비우고 앉았더니
5줄에 모두 앉게 되었습니다.
연극 공연장에 **모두 몇 명**이 앉아 있는지 하나의 식으로 나타내어 구하세요.

｢ 모두 몇 명이 앉아 있는지 구하려면 ｣
한 줄에 앉은 사람 수에 사람들이 앉은 줄 수를 곱한다.

$$(8 - \boxed{}) \qquad \times \boxed{}$$

식 _____ 답 _____

5 유나는 **7500원**짜리 수제햄버거를 **1개** 먹었고
성희는 **5000원**짜리 감자튀김과 **800원**짜리 음료수를 **1개**씩 먹었습니다.
유나는 성희보다 음식값을 **얼마 더 내야** 하는지 하나의 식으로 나타내어 구하세요.

｢ 유나가 더 내야 할 금액을 구하려면 ｣
유나가 먹은 음식값에서 성희가 먹은 음식값의 합을 뺀다.

$$7500 \qquad -(5000 + \boxed{})$$

식 _____ 답 _____

6 식빵이 **11조각** 있습니다. 이 중 **3조각**을 먹고
나머지는 샌드위치 한 개를 만드는 데 **2조각**씩 모두 사용하였습니다.
만든 샌드위치는 몇 개인지 하나의 식으로 나타내어 구하세요.

｢ 만든 샌드위치 수를 구하려면 ｣
먹고 남은 식빵 수를 샌드위치 한 개를 만드는 데 사용한 식빵 수로 나눈다.

$$(11 - \boxed{}) \qquad \div \boxed{}$$

식 _____ 답 _____

수학 문해력 기르기

문해력 문제 1

방과 후 농구 수업을 신청한 학생은 **37**명입니다./
이 중 몇 명은 **8**명씩 **4**모둠으로 나누어 농구 경기를 하고,/
농구 경기를 하지 않는 나머지 학생들은*드리블 연습을 했습니다./
드리블 연습을 한 학생은 몇 명인지 하나의 식으로 나타내어 구하세요.
└ 구하려는 것

해결 전략

📖 **문해력 어휘**

드리블: 농구에서 손을 이용해 공을 몰아가는 일

┌ 경기를 한 학생 수를 식으로 나타내려면 ┐
❶ (한 모둠의 학생 수)×(모둠 수)로 써서

┌ 드리블 연습을 한 학생 수를 하나의 식으로 나타내 구하려면 ┐
❷ (전체 학생 수) ◯ (경기를 한 학생 수를 구하는 식)으로 써서 계산하자.
　　　　　　　　　　　 └ ❶에서 쓴 식
└ +, −, ×, ÷ 중 알맞은 것 쓰기

문제 풀기

❶ 경기를 한 학생 수를 구하는 식: ☐ ×4

❷ (드리블 연습을 한 학생 수)
　 ＝37− ☐ ×4＝ ☐ (명)

식 _____

답 _____

문해력 레벨업

전체에서 해당되는 것을 한 번에 빼서 나머지를 구하자.

```
          농구 수업을 신청한 학생 수
          ↙                    ↘
  농구 경기를 한 학생 수      드리블 연습을 한 학생 수
                                    ↓
        (농구 수업을 신청한 학생 수)−(농구 경기를 한 학생 수)
```

쌍둥이 문제

1-1 주호네 반 학생은 28명입니다./ 12명씩 2모둠으로 나누어 줄다리기하고,/ 줄다리기하지 않는 나머지 학생들은 응원했습니다./ 응원을 한 학생은 몇 명인지 하나의 식으로 나타내어 구하세요.

> 따라 풀기 ❶
>
> ❷

식 _____ 답 _____

문해력 레벨 1

1-2 바다※모노레일을 타려고 어른 26명, 어린이 27명이 기다리고 있습니다./ 모노레일 한 대마다 6명씩 타고 7대가 출발했다면/ 모노레일을 아직 타지 못한 사람은 몇 명인지 하나의 식으로 나타내어 구하세요.

> 스스로 풀기 ❶ 기다리는 사람 수를 구하는 식을 쓰고

문해력 어휘 📖
모노레일: 레일을 깔아 놓은 길이 한 가닥인 철도

> ❷ 모노레일을 탄 사람 수를 구하는 식을 쓰자.
>
> ❸

식 _____ 답 _____

문해력 레벨 2

1-3 ※미생물 실험을 위해 시험관 24개를 준비하였습니다./ 미생물 A를 넣은 시험관 2개, 미생물 B를 넣은 시험관 3개를 한 실험군으로 하여/ 실험군 4개를 만들었습니다./ 남은 시험관은 몇 개인지 하나의 식으로 나타내어 구하세요.

출처: ©WAYHOME studio/shutterstock

> 스스로 풀기 ❶ 한 실험군의 시험관 수를 구하는 식을 쓰고

문해력 어휘 📖
미생물: 눈으로 볼 수 없는 아주 작은 생물

> ❷ 실험군 4개의 시험관 수를 구하는 식을 써서
>
> ❸ 남은 시험관 수를 하나의 식으로 나타내어 구하자.

식 _____ 답 _____

수학 문해력 기르기

문해력 문제 2

유정이는 3마리의 강아지 하찌, 두찌, 세찌를 키우고 있습니다./
올해 세찌는 6살이 되었습니다./
두찌는 세찌보다 2년 더 먼저 태어났고,/
하찌의 나이는 두찌 나이의 2배보다 5살 더 적습니다./
올해 하찌는 몇 살인지 하나의 식으로 나타내어 구하세요.
└ 구하려는 것

해결 전략

두찌의 나이를 식으로 나타내려면

❶ (세찌의 나이)+☐ 로 써서

하찌의 나이를 하나의 식으로 나타내 구하려면

❷ (두찌의 나이를 구하는 식)×2−☐ 로 써서 계산하자.
└ ❶에서 쓴 식

문제 풀기

❶ 두찌의 나이를 구하는 식: ☐+2

❷ (하찌의 나이)=(☐+2)×☐−☐
　　　　　　　=☐(살)

문해력 주의
6+2를 먼저 계산해야 하므로 ( )를 사용해서 나타낸다.

식 _____

답 _____

문해력 레벨업

각 부분을 나타낸 식을 하나의 식으로 나타내자.

하나의 식으로 나타낼 때에는 중간에 계산하지 말고 식을 한 덩어리로 생각해서 다음 식에 그대로 써야 해.

■=**4**

┆< ■ 대신 4 쓰기

▲=■+**2**=4+2

┆< ▲ 대신 (4+2) 쓰기

★=**18**÷▲=**18**÷(4+2)

쌍둥이 문제

2-1 지호네 집에서 키우는 강아지는 5살이고, 앵무새는 강아지보다 3살 더 많습니다./ 거북 나이는 앵무새 나이의 3배보다 4살 더 적습니다./ 거북은 몇 살인지 하나의 식으로 나타내어 구하세요.

따라 풀기 ❶

❷

식 _____ 답 _____

문해력 레벨 1

2-2 올해 지후의 나이는 11살입니다./ 4년 후에 할머니의 나이는 지후 나이의 4배보다 5살 더 많습니다./ 4년 후에 할머니의 나이는 몇 살인지 하나의 식으로 나타내어 구하세요.

스스로 풀기 ❶

❷

식 _____ 답 _____

문해력 레벨 2

2-3 어느 배터리 회사에서 생산하는/ 서로 다른 종류의 배터리 A, B, C의 수명을 조사해 보았습니다./ A 배터리의 수명은 B 배터리 수명의 2배보다 1년 더 길었고,/ C 배터리의 수명은 A 배터리 수명의 2배보다 5년 더 짧았습니다./ B 배터리 수명이 3년이었다면/ C 배터리의 수명은 몇 년인지 하나의 식으로 나타내어 구하세요.

출처: ⓒGetty Image Korea

스스로 풀기 ❶ A 배터리의 수명을 구하는 식을 쓰고

❷ C 배터리의 수명을 하나의 식으로 나타내어 구하자.

식 _____ 답 _____

관련 단원 자연수의 혼합 계산

문해력 문제 3

재아네 반 학생을 대상으로 짜장면과 짬뽕을 좋아하는 학생을 조사하였더니/
짜장면을 좋아하는 학생은 19명,/ 짬뽕을 좋아하는 학생은 14명이었습니다./
짜장면과 짬뽕을 둘 다 좋아하지 않는 학생이 한 명도 없었고/
짜장면과 짬뽕을 둘 다 좋아하는 학생은 6명입니다./
재아네 반 학생은 몇 명인지 하나의 식으로 나타내어 구하세요.
└ 구하려는 것

해결 전략

❶ (짜장면을 좋아하는 학생 수)+(짬뽕을 좋아하는 학생 수)를 쓰고

┌ 재아네 반 학생 수를 하나의 식으로 나타내 구하려면 ┐

❷ 위 ❶에서 쓴 식에는 둘 다 좋아하는 학생 ☐ 명이 중복되므로

(위 ❶에서 쓴 식)−(둘 다 좋아하는 학생 수)로 써서 계산하자.

문제 풀기

❶ 짜장면을 좋아하는 학생 수와 짬뽕을 좋아하는 학생 수의 합을 구하는 식:

☐+☐

❷ (짜장면과 짬뽕을 둘 다 좋아하는 학생 수)=☐명

(재아네 반 학생 수)=☐+☐−☐=☐(명)

식 _____

답 _____

문해력 레벨업

중복된 부분에 주의해서 문제를 해결하자.

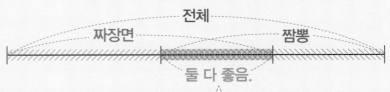

전체

짜장면   짬뽕

둘 다 좋음.

(짜장면을 좋아하는 학생 수)와 (짬뽕을 좋아하는 학생 수)에 각각 포함되어 있다.

(전체 학생 수)=(짜장면을 좋아하는 학생 수)+(짬뽕을 좋아하는 학생 수)−(둘 다 좋아하는 학생 수)

쌍둥이 문제

3-1 라희네 반 학생을 대상으로 이번 설에 윷놀이와 세배를 한 학생을 조사하였더니/ 윷놀이를 한 학생은 4명, 세배를 한 학생은 21명이었습니다./ 둘 다 하지 않은 학생은 없었고/ 둘 다 한 학생은 2명입니다./ 라희네 반 학생은 몇 명인지 하나의 식으로 나타내어 구하세요.

따라 풀기 ❶

❷

식 _____ 답 _____

문해력 레벨 1

3-2 일직선 도로 위에서 A 드론과 B 드론이 시험비행 중입니다./ 그림과 같이 A 드론을 띄운 곳에서 착륙한 곳까지의 거리는 11 m이고,/ B 드론을 띄운 곳에서 착륙한 곳까지의 거리는 15 m입니다./ 두 드론이 착륙한 곳 사이의 거리가 4 m일 때,/ 두 드론을 띄운 곳 사이의 거리는 몇 m인지 하나의 식으로 나타내어 구하세요.

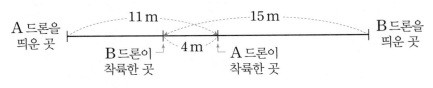

스스로 풀기 ❶

❷

식 _____ 답 _____

문해력 레벨 2

3-3 설문 조사 기관에서 두 후보자 A, B에 대한 지지도를 조사하였더니/ A 후보자를 지지하는 사람은 200명,/ B 후보자를 지지하는 사람은 150명이었습니다./ 두 후보자를 모두 지지하는 사람이 13명이었고,/ 두 후보자를 모두 지지하지 않는 사람은 85명이었습니다./ 설문 조사에 참여한 사람은 몇 명인지 하나의 식으로 나타내어 구하세요.

스스로 풀기 ❶ 두 후보자를 각각 지지하는 사람 수의 합을 구하는 식을 쓰고

> 두 후보자를 모두 지지하지 않는 사람도 설문 조사에 참여한 사람인 걸 잊지 마.

❷ 설문 조사에 참여한 사람 수를 하나의 식으로 나타내어 구하자.

식 _____ 답 _____

수학 문해력 기르기

문해력 문제4

3D 프린터는 입체물을 찍어 내는 기계로,/
잉크가 아닌 플라스틱, 금속 등을 재료로 합니다./
어느 3D 프린터 **한 대가**/
한 시간 동안 7개의 입체물을 찍어 냅니다./
3D 프린터 **2대로**/ **42개의 입체물**을 찍어 내려면
몇 시간이 걸리는지/ 하나의 식으로 나타내어 구하세요.
└ 구하려는 것

출처: ©MarinaGrigorivna/Shutterstock

해결 전략

{ 2대가 한 시간 동안 찍어 내는 입체물 수를 식으로 나타내려면 }
❶ (한 대가 한 시간 동안 찍어 내는 입체물 수)× [ ] 로 써서

{ 2대가 42개의 입체물을 찍어 내는 데 걸리는 시간을 하나의 식으로 나타내 구하려면 }
❷ (찍어 내야 할 전체 입체물 수)÷(위 ❶에서 쓴 식)으로 써서 계산하자.

문제 풀기

❶ 2대가 한 시간 동안 찍어 내는 입체물 수를 구하는 식:

[ ] × [ ]

❷ (2대가 42개의 입체물을 찍어 내는 데 걸리는 시간)

= [ ] ÷(7×2)= [ ](시간)

> **문해력 주의**
> 7×2를 먼저 계산해야 하므로
> ( )를 사용하여 나타낸다.

식 _____

답 _____

문해력 레벨업 먼저 식을 세워야 하는 문장을 찾자.

예 기계 한 대가 한 시간 동안 스피커 3개를 만들 때, 기계 5대가 스피커 45개를 만드는 데 걸리는 시간 구하기

문제에 알맞은 식 (만들어야 할 전체 스피커 수)÷(기계 5대가 한 시간 동안 만드는 스피커 수)
↓
{ 먼저 세워야 할 식 } ▷ (3×5)개

쌍둥이 문제

4-1 피자 자판기는 원하는 종류의 피자를 고르고 결제를 하면 기계가 반죽을 만들고,/ 재료를 토 핑한 후 굽는 과정을 차례로 진행합니다./ 어느 피자 자판기 한 대가 한 시간 동안 피자 6판 을 만들 수 있습니다./ 피자 자판기 3대가 피자 108판을 만들려면/ 몇 시간이 걸리는지 하나 의 식으로 나타내어 구하세요.

따라 풀기 ❶

❷

식 _____ **답** _____

문해력 레벨 1

4-2 고속 열차가 일정한 빠르기로 A 역과 B 역을 지나쳐 달리고 있습니다./ A 역에서 155 km 떨어진 B 역을 지나치는 데 31분이 걸렸다면/ 이 고속 열차가 같은 빠르기로 600 km 거리 를 가는 데/ 걸리는 시간은 몇 시간인지 하나의 식으로 나타내어 구하세요.

스스로 풀기 ❶ 고속 열차가 1분 동안 가는 거리를 구하는 식 쓰기

❷ 600 km 거리를 가는 데 걸리는 시간을 분 단위로 구하는 식으로 나타내기

❸ 위 ❷에서 쓴 식을 시간 단위로 구하는 식으로 나타내 계산하기

식 _____ **답** _____

문해력 레벨 2

4-3 제빵사가 한 번에 빵 12개를 구울 수 있는 틀 한 개와 빵 15개를 구울 수 있는 틀 한 개를 동시에 오븐에 넣고/ 16분 동안 빵을 구웠습니다./ 같은 방법으로 빵 81개를 굽는 데/ 걸리 는 시간은 몇 분인지 하나의 식으로 나타내어 구하세요.

스스로 풀기 ❶ 한 번에 굽는 빵의 수를 구하는 식을 쓰고

❷ 오븐에 굽는 횟수를 구하는 식을 써서

❸ 빵 81개를 굽는 데 걸리는 시간은 몇 분인지 하나의 식으로 나타내어 구하자.

식 _____ **답** _____

3일 수학 문해력 기르기

관련 단원 자연수의 혼합 계산

문해력 문제 5

주하는 이번 주 용돈으로 **5000원**을 받았습니다. /
이 돈으로 3장에 **900원** 하는 **캐릭터 카드 2장**과 /
2800원짜리 물총 한 개를 샀습니다. /
캐릭터 카드와 물총을 사고 / 남은 돈은 얼마인지 하나의 식으로 나타내어 구하세요.
└ 구하려는 것

해결 전략

┌ 캐릭터 카드 2장의 가격을 식으로 나타내려면 ┐
┌ +, −, ×, ÷ 중 알맞은 것 쓰기
❶ (캐릭터 카드 3장의 가격) ◯ 3 ◯ 2로 쓰고
   └ 캐릭터 카드 1장의 가격

┌ 남은 돈을 하나의 식으로 나타내 구하려면 ┐
❷ (받은 돈)−(캐릭터 카드 2장의 가격을 구하는 식)−(물총 한 개의 가격)으로 써
   └ ❶에서 쓴 식
서 계산하자.

문제 풀기

❶ 캐릭터 카드 1장의 가격을 구하는 식: 900÷ ☐

➡ 캐릭터 카드 2장의 가격을 구하는 식: 900÷ ☐ × ☐

❷ (남은 돈)= ☐ −900÷3×2− ☐ = ☐ (원)

식 _____

답 _____

문해력 레벨업

같은 물건 여러 개의 값이 주어졌을 때 물건값 구하기

예 같은 물건 **4개**가 2000원일 때 **3개**의 값 구하기

물건 **1개**의 가격을 구한 후
(**2000÷4**)원

➡

물건 **3개**의 가격을 구하자.
((**2000÷4**)×**3**)원

쌍둥이 문제

5-1 5000원으로 카레 4인분을 만드는 데 필요한 재료를 사려고 합니다./ 감자가 6인분에 4500원이고/ 양파가 4인분에 1500원입니다./ 감자와 양파를 사고/ 남은 돈은 얼마인지 하나의 식으로 나타내어 구하세요.

따라 풀기 ❶

❷

식 _____ 답 _____

문해력 레벨 1

5-2 은찬이는 편의점에서 1500원짜리 삼각김밥 1개와/ 3개에 3600원인 소시지 2개를 사려고 합니다./ 은찬이가 지금 가지고 있는 돈이 3000원이라면/ 모자란 돈은 얼마인지 하나의 식으로 나타내어 구하세요.

스스로 풀기 ❶

❷

식 _____ 답 _____

문해력 레벨 2

5-3 윤주는 분식집에서 4개에 8000원 하는 만두 3개와/ 5개에 6000원 하는 튀김 2개를 사고/ 10000원을 낸 후/ 거스름돈을 받았습니다./ 윤주가 받은 거스름돈은 얼마인지 하나의 식으로 나타내어 구하세요.

스스로 풀기 ❶ 만두 3개의 가격을 구하는 식을 쓰고

❷ 튀김 2개의 가격을 구하는 식을 써서

❸ 거스름돈을 하나의 식으로 나타내어 구하자.

식 _____ 답 _____

수학 문해력 기르기

관련 단원 자연수의 혼합 계산

문해력 문제 6

똑같은 책 2권이 들어 있는 에코백의 무게를 재어 보니 1800 g입니다./
여기에 똑같은 책 3권을 더 넣어 무게를 재어 보니 3750 g입니다./
에코백만의 무게는 몇 g인지 하나의 식으로 나타내어 구하세요.
└ 구하려는 것

해결 전략

┌ 책 3권의 무게를 식으로 나타내려면 ┐
❶ (책 3권을 더 넣은 무게)―(책 2권이 들어 있는 에코백의 무게)로 쓰고

┌ 책 2권의 무게를 식으로 나타내려면 ┐
❷ (책 3권의 무게)÷3×2로 써서
└ 책 1권의 무게

┌ 에코백만의 무게를 하나의 식으로 나타내 구하려면 ┐
❸ (책 2권이 들어 있는 에코백의 무게)―(책 2권의 무게를 구하는 식)으로 써서 계산하자.
└ ❷에서 쓴 식

> **문해력 핵심**
> 에코백만의 무게를 구하려면 책 2권이 들어 있는 에코백의 무게에서 책 2권의 무게를 빼자.

문제 풀기

❶ 책 3권의 무게를 구하는 식: 3750―1800

❷ 책 1권의 무게를 구하는 식: (3750―1800)÷ ☐

　➡ 책 2권의 무게를 구하는 식: (3750―1800)÷ ☐ × ☐

❸ (에코백만의 무게)= ☐ ―(3750―1800)÷ ☐ × ☐ = ☐ (g)

식 _____　　　답 _____

문해력 레벨업　무게의 차를 이용해 더 넣은 물건 1개의 무게를 구하자.

예 책 2권이 들어 있는 에코백에 책 3권을 더 넣었더니 무게가 1800 g에서 3750 g으로 늘어났으니까
두 무게의 차가 책 3권의 무게이다.

에코백	책 2권	
에코백	책 2권	책 3권

0 g　　　　　　　1800 g　　　　　　3750 g

책 3권의 무게: (3750―1800) g

쌍둥이 문제

6-1 똑같은 치약 10개가 들어 있는 상자의 무게를 재어 보니 2900 g입니다./ 여기에 똑같은 치약 4개를 더 넣어 무게를 재어 보니 3900 g입니다./ 상자만의 무게는 몇 g인지 하나의 식으로 나타내어 구하세요.

> **따라 풀기** ❶
>
> ❷
>
> ❸

식 _____ 답 _____

문해력 레벨 1

6-2 영양제 320알이 들어 있는 통의 무게를 재어 보니 725 g입니다./ 여기에서 매일 한 알씩 15일 동안 먹고 무게를 재어 보니 695 g입니다./ 통만의 무게는 몇 g인지 하나의 식으로 나타내어 구하세요.

> **스스로 풀기** ❶
>
> ❷
>
> ❸

식 _____ 답 _____

문해력 레벨 2

6-3 창고 선반 위에 같은 음료수 상자가 여러 개 쌓여 있습니다./ 바닥으로부터 상자 3개까지의 높이가 128 cm이고/ 상자 5개까지의 높이가 152 cm입니다./ 바닥으로부터 상자 4개까지의 높이는 몇 cm인지 하나의 식으로 나타내어 구하세요.

> **스스로 풀기** ❶ 상자 1개의 높이를 구하는 식을 쓰고
>
> ❷ 바닥으로부터 상자 4개까지의 높이를 하나의 식으로 나타내어 구하자.

식 _____ 답 _____

수학 문해력 기르기

문해력 문제 7

어떤 수에 **9**를 곱한 후/
28을 **7**로 나눈 몫을 더했더니/ **76**이 되었습니다./
어떤 수를 구하세요.
└─ 구하려는 것

해결 전략

❶ <u>9를 곱한 후</u> <u>28을 7로 나눈 몫을 더했더니</u> <u>76이 되었습니다.</u>

$$\bigcirc 9 \qquad +28\bigcirc 7 \qquad =76$$

└─ +, −, ×, ÷ 중 알맞은 것 쓰기

❷ 위 ❶의 식에서 계산할 수 있는 부분부터 계산해서 식을 간단히 만들어 어떤 수를 구하자.

문제 풀기

❶ 어떤 수를 ■라 하여 식 세우기: $■\bigcirc 9 +28\bigcirc 7=\boxed{}$

❷ $■\bigcirc 9+28\bigcirc 7=\boxed{}$

$■\bigcirc 9+\boxed{}=76,$

$■\bigcirc 9=\boxed{},$

$■=\boxed{}$ ➡ 어떤 수: $\boxed{}$

답 _____

문해력 레벨업

문장에서 연산 기호를 의미하는 단어를 찾아 자리에 맞게 식으로 나타내자.

(1) <u>어떤 수</u>에서 **3**을 <u>뺀 후</u> **2**와 **4**의 <u>곱</u>을 <u>더하면</u> **14**가 됩니다.

(어떤 수)**−3**　　　**⊕2×4**　　　　　=**14**

곱을 더했으므로 곱 앞에 놓기

식으로 나타내기

➡ (어떤 수)−3+2×4=14

(2) <u>**9**와 **5**의 합</u>을 <u>어떤 수</u>에서 **4**를 <u>뺀 수</u>로 <u>나눈 몫</u>은 **2**입니다.

(**9+5**)　　　**÷(어떤 수−4)**　　　　=**2**

뺀 수로 나누었으므로 빼는 식 앞에 놓기

식으로 나타내기

➡ (9+5)÷(어떤 수−4)=2

쌍둥이 문제

7-1 어떤 수와 5의 합을 4로 나눈 몫에서/ 8과 7의 곱을 뺐더니 40이 되었습니다./ 어떤 수를 구하세요.

따라 풀기 ❶

❷

답 _____

문해력 레벨 1

7-2 편의점에서 1500원짜리 빵 3개와 똑같은 컵라면 2개를 사고/ 10000원을 냈습니다./ 거스름돈으로 2300원을 받았다면/ 컵라면 1개의 값은 얼마인가요?

스스로 풀기 ❶ 컵라면 1개의 값을 ☐원이라 했을 때 빵과 컵라면의 값을 구하는 식 쓰기

❷

답 _____

문해력 레벨 2

7-3 45에서 어떤 수와 3의 곱을 뺀 후 7을 더해야 할 것을/ 잘못하여 45에서 어떤 수를 뺀 값을 3배 한 후 7을 더했더니/ 118이 되었습니다./ 바르게 계산한 값을 구하세요.

스스로 풀기 ❶ 잘못 계산한 식을 세우고

❷ 위 ❶의 식을 계산하여 어떤 수를 구해서

❸ 바르게 계산한 값을 구하자.

답 _____

수학 문해력 기르기

관련 단원 자연수의 혼합 계산

문해력 문제 8

서우는 ※OTT 앱에서 영화와 오락프로그램을 다운받으려고 합니다./
영화는 한 편에 2500원,/ 오락프로그램은 한 편에 1500원입니다./
모두 10편을 다운받았고/ 18000원을 냈습니다./
서우가 다운받은 영화는 몇 편인가요?
└ 구하려는 것

📖 문해력 어휘

OTT(Over The Top):
인터넷으로 영화, 드라마 등
각종 영상을 제공하는 서비스

해결 전략

❶ (오락프로그램 수)= ▨ −(영화 수)로 나타내고

「각 프로그램의 전체 금액을 식으로 나타내야 하니까」

❷ 각각 (한 편의 금액)×(다운받은 수)로 나타내어

❸ (영화 전체 금액을 구하는 식)+(오락프로그램 전체 금액을 구하는 식)= [   ]
을 써서 계산하여 영화 수를 구하자.

문제 풀기

❶ 영화 수를 ■라 하면 오락프로그램 수는 [   ]−■이다.

❷ 영화 전체 금액: [   ]×■, 오락프로그램 전체 금액: 1500×(10−■)

❸ [   ]×■+1500×(10−■)=18000,

2500×■+1500×10−[   ]×■=[   ],

[   ]×■=3000, ■=[   ] ➡ 영화 수: [   ]편

답 _____

문해력 레벨업

( ) 안을 먼저 계산할 수 없을 때는 ( )를 없애서 계산하자.

예 ( )를 없애서 계산하는 방법 알아보기

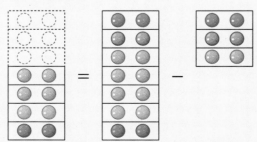

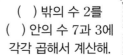

( ) 밖의 수 2를
( ) 안의 수 7과 3에
각각 곱해서 계산해.

$2×(7−3) = 2×7 − 2×3$

쌍둥이 문제

8-1 지후가 15분짜리 동영상과 8분짜리 동영상을/ 모두 13편 제작했더니/ 총 상영 시간이 132분이었습니다./ 지후가 제작한 15분짜리 동영상은 몇 편인가요?

따라 풀기 ❶

❷

❸

구하려는 15분짜리 동영상의 수를 □라 하여 식을 세우는 게 계산이 간단해.

답 _____

문해력 레벨 1

8-2 어느 가게에서 파는 생과일주스 한 잔은 6000원이고,/ 에이드 한 잔은 4500원입니다./ 생과일주스와 에이드를 모두 5잔 사고/ 30000원을 냈더니/ 4500원을 거슬러 주었습니다./ 생과일주스를 몇 잔 샀나요?

스스로 풀기 ❶

❷

❸

답 _____

문해력 레벨 2

8-3 혜지는 매일 시간을 정해 독서하기로 했습니다./ 매일 40분씩 독서하다가/ 3월 어느 날부터 독서 시간을 30분으로 바꿨더니/ 3월의 독서 시간이 총 1170분이 되었습니다./ 독서 시간을 30분으로 바꾸기 시작한 날은 3월 며칠인가요?

스스로 풀기 ❶ 40분씩 독서한 날수와 30분씩 독서한 날수를 □를 사용하여 나타내고

❷ 40분씩 총 독서 시간과 30분씩 총 독서 시간을 식으로 각각 쓰자.

❸ 총 독서 시간 1170분을 구하는 식을 써서 □를 구하고

❹ 독서 시간을 30분으로 바꾸기 시작한 날을 구하자.

답 _____

5일 수학 문해력 완성하기

관련 단원 자연수의 혼합 계산

기출 1 36과 어떤 수의 합에 3을 곱한 후 4로 나누어야 할 것을/ 잘못하여 36에서 어떤 수를 뺀 값을 3으로 나눈 후 4를 곱했더니 32가 되었습니다./ 바르게 계산한 값을 구하세요.

해결 전략

잘못 계산한 방법 36에서 어떤 수를 뺀 값을 3으로 나눈 후 4를 곱했더니 32가 되었습니다.

잘못 계산한 방법에서 어떤 수를 구해
바르게 계산하는 방법의 어떤 수 대신에 써넣어 계산하자.

바르게 계산하는 방법 36과 어떤 수의 합에 3을 곱한 후 4로 나누어야

※21년 상반기 20번 기출 유형

문제 풀기

❶ 어떤 수를 □라 하여 잘못 계산한 식을 하나의 식으로 나타내기

_____

❷ 위 ❶에서 나타낸 식을 이용하여 어떤 수 구하기

_____

_____

❸ 바르게 계산하는 식을 써서 바르게 계산한 값 구하기

_____

_____

답 _____

🎓 복습책 9~10쪽에 유사, 심화문제 제공

• 정답과 해설 **5쪽**

관련 단원 자연수의 혼합 계산

기출 2

승철이네 집은 27층입니다./ 어느 날[※]정전으로 엘리베이터가 멈춰서 27층까지 걸어서 올라 갔습니다./ 1층부터 16층까지는 쉬지 않고 올라가서/ 16층에서 처음으로 18초를 쉬었고/ 16층부터는 한 층씩 올라갈 때마다 18초씩 쉬었습니다./ 한 층씩 올라가는 데 걸린 시간이 모두 같다면/ 승철이가 1층부터 27층에 도착할 때까지 걸린 시간은 모두 몇 초인가요?/ (단, 승철이가 1층부터 13층까지 쉬지 않고 올라가는 데 걸린 시간은 3분입니다.)

해결 전략

1층부터 **13**층까지 올라가는 데 걸린 시간은 **3분**이다.
↓
12개의 층을 올라가는 데 걸린 시간은 **180**초이다.

※19년 상반기 21번 기출유형

문제 풀기

📖 문해력 어휘
정전: 오던 전기가 끊어짐.

❶ 한 층 올라가는 데 걸린 시간이 몇 초인지 구하기

(1층부터 13층까지 올라가는 데 걸린 시간)=(⬜ 개의 층을 올라가는 데 걸린 시간)=3분= ⬜ 초

(한 층을 올라가는 데 걸린 시간)=

❷ (1층부터 16층까지 쉬지 않고 올라가는 데 걸린 시간)=

❸ 16층에 도착한 때부터 27층에 도착할 때까지 걸린 시간 구하기

(16층부터 27층까지 올라간 층수)= ⬜ 개

(16층에 도착한 때부터 27층에 도착할 때까지 쉰 횟수)= ⬜ 번

(16층에 도착한 때부터 27층에 도착할 때까지 걸린 시간)=

❹ 1층부터 27층에 도착할 때까지 걸린 시간 구하기

(1층부터 27층에 도착할 때까지 걸린 시간)= ⬜ + ⬜ = ⬜ (초)

답 _____

수학 문해력 완성하기

관련 단원 자연수의 혼합 계산

창의 3 계산 결과가 가장 크게 되도록 ( )로 묶고/ 가장 큰 계산 결과를 구하세요.

$$53 + 9 \times 4 - 6 \div 3$$

해결 전략

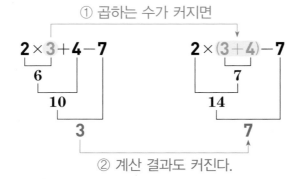

문제 풀기

❶ 곱셈 기호 앞쪽 수를 ( )로 묶어 계산하기

$(53 + 9) \times 4 - 6 \div 3 = \boxed{}$

❷ 곱셈 기호 뒤쪽 수를 ( )로 묶어 계산하기

$53 + 9 \times (4 - 6) \div 3$ ➡ 계산할 수 없다.

$53 + 9 \times 4 - 6 \div 3 = \boxed{}$

답 _____ $53 + 9 \times 4 - 6 \div 3 = \boxed{}$

관련 단원 자연수의 혼합 계산

창의 4

윗접시저울은 수평 잡기의 원리로 만든 저울 중의 하나입니다./ 저울의 가운데에 수평을 이루는지 확인할 수 있는 바늘이 있고,/ 중심을 축으로 양쪽에 두 개의 접시가 있습니다./ 다음과 같이 두 저울이 수평을 이루고 있고,/ 립밤 1개의 무게가 8 g일 때/ 핸드크림 1개의 무게는 몇 g인가요?/ (단, 같은 물건끼리의 무게는 같습니다.)

거울 2개   립밤 10개   거울 3개   핸드크림 2개

해결 전략

왼쪽 저울: (거울 **2개**의 무게)＝(립밤 **10개**의 무게)
오른쪽 저울: (거울 **3개**의 무게)＝(핸드크림 **2개**의 무게)

두 저울의 공통된 물건이 거울이므로 **거울 1개의 무게**를 구하면 나머지 물건의 무게를 구할 수 있다.

문제 풀기

❶ 왼쪽 저울에서 거울 1개의 무게를 구하는 식 쓰기

(거울 2개의 무게를 구하는 식)＝(립밤 10개의 무게를 구하는 식)＝

➡ 거울 1개의 무게를 구하는 식:

❷ 오른쪽 저울에서 핸드크림 1개의 무게 구하기

(핸드크림 2개의 무게를 구하는 식)＝(거울 3개의 무게를 구하는 식)＝

➡ (핸드크림 1개의 무게)＝

답

주말 TEST 수학 문해력 평가하기

문제를 읽고 조건을 표시하면서 풀어 봅니다.

10쪽 문해력 1

1 오늘 생존 수영 수업에 참여한 학생은 53명입니다. 8명씩 6레인으로 나누어 물 위에 뜨는 연습을 하고, 나머지 학생들은 숨 쉬는 연습을 했습니다. 숨 쉬는 연습을 한 학생은 몇 명인지 하나의 식으로 나타내어 구하세요.

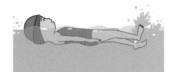

풀이

식 _____ 답 _____

14쪽 문해력 3

2 성민이네 학교 학생을 대상으로 감기에 걸렸을 때 먹는 약의 종류를 조사하였더니 양약을 먹는 학생은 225명, 한약을 먹는 학생은 76명이었습니다. 약을 먹지 않는 학생은 한 명도 없었고 양약도 먹고 한약도 먹는 학생은 4명입니다. 성민이네 학교 학생은 몇 명인지 하나의 식으로 나타내어 구하세요.

풀이

식 _____ 답 _____

12쪽 문해력 2

3 보라동에 가장 오래된 나무의 나이는 100살이고, 사랑동에 가장 오래된 나무의 나이는 보라동의 나무보다 100살 더 많습니다. 쪽빛동에 가장 오래된 나무의 나이는 사랑동의 나무 나이의 2배보다 50살 더 많습니다. 이 쪽빛동의 나무는 몇 살인지 하나의 식으로 나타내어 구하세요.

풀이

식 _____ 답 _____

16쪽 문해력 4

4 지호는 한글 타자 연습을 하고 있습니다. 연습 기록을 보니 10초에 35타였습니다. 1260타를 치려면 몇 분이 걸리는지 하나의 식으로 나타내어 구하세요.

풀이

식 _____ 답 _____

12쪽 문해력 2

5 올해 도윤이의 나이는 10살입니다. 5년 후에 어머니의 나이는 도윤이 나이의 3배보다 2살 더 많습니다. 5년 후에 어머니의 나이는 몇 살인지 하나의 식으로 나타내어 구하세요.

풀이

식 _____ 답 _____

18쪽 문해력 5

6 세아는 이번 주 용돈으로 5000원을 받았습니다. 이 돈으로 5개에 1000원 하는 붕어빵 3개와 800원짜리 컵떡볶이 한 개를 사 먹었습니다. 붕어빵과 컵떡볶이를 사 먹고 남은 돈은 얼마인지 하나의 식으로 나타내어 구하세요.

풀이

식 _____ 답 _____

주말 TEST 수학 문해력 평가하기

20쪽 문해력6

7 똑같은 젤리 90봉지가 들어 있는 통의 무게를 재어 보니 1100 g입니다. 여기에 똑같은 젤리 10봉지를 더 넣어 무게를 재어 보니 1200 g입니다. 통만의 무게는 몇 g인지 하나의 식으로 나타내어 구하세요.

풀이

식 _____   답 _____

22쪽 문해력7

8 84에 54와 어떤 수의 차를 8로 나눈 몫을 더하고 33을 3으로 나눈 몫을 뺐더니 79가 되었습니다. 어떤 수를 구하세요. (단, 어떤 수는 54보다 작습니다.)

풀이

답 _____

22쪽 문해력 7

9 어느 워터 파크의 성인 이용 요금이 5만 원입니다. 성인 2명과 어린이 3명의 이용 요금으로 25만 원을 내고 거스름돈으로 3만 원을 받았다면 어린이 1명의 이용 요금은 얼마인가요?

> 풀이

> 답 _____

24쪽 문해력 8

10 은희는 음악을 다운받을 수 있는 앱을 통해 가요를 다운받으려고 합니다. 평생 듣기권은 한 곡에 800원, 한 달 듣기권은 한 곡에 500원입니다. 가요를 모두 20곡 다운받았고 12100원을 결제했습니다. 은희가 다운받은 평생 듣기권과 한 달 듣기권은 각각 몇 곡인가요?

> 풀이

> 답 평생 듣기권 곡 수: _____, 한 달 듣기권 곡 수: _____

주말
평가

33

2주

약수와 배수

우리는 사탕을 남김없이 똑같이 나눌 때 몇 명에게 나누어 줄 수 있는지,
일정한 간격으로 출발하는 버스가 몇 번 출발하는지를 약수와 배수를 이용
해서 구할 수 있어요. 이처럼 우리 생활 속에서 약수와 배수를 활용한 다양
한 문제를 해결해 봐요.

이번 주에 나오는 어휘 & 지식백과 🔍

42쪽 **산업용 로봇** (産 낳을 산, 業 업 업, 用 쓸 용 + robot)

작업 현장에서 사람 대신 일을 하는 로봇. 산업용 로봇을 이용하면 제품을 만드는 데 시간을 절약할 수 있다.

43쪽 **스마트 팜** (smart farm)

인공 지능의 기술을 이용하여 채소, 과일 등을 키우는 농업의 형태

47쪽 **주말농장** (週 돌 주, 末 끝 말, 農 농사 농, 場 마당 장)

주말을 이용해 채소 등을 가꾸는 도시 근처의 농장

47쪽 **첨성대** (瞻 볼 첨, 星 별 성, 臺 돈대 대)

경주시에 있는 동양에서 가장 오래된 기상이나 우주를 관찰하던 시설. 우리나라 국보로, 국보 정식 명칭은 '경주 첨성대'이다.

50쪽 **모자이크** (mosaic)

종이, 유리, 타일 등을 조각조각 붙여서 무늬나 그림을 만드는 방법

51쪽 **조각보** (조각 + 褓 포대기 보)

여러 가지 조각 천을 모아 이어서 만든 보자기

52쪽 **수정 테이프** (修 닦을 수, 訂 평론할 정 + tape)

볼펜으로 적은 글자를 고치거나 지우기 위하여 그 위에 붙이는 흰색 테이프

◑ 기초 문제가 어떻게 문장제가 되는지 알아봅니다.

1 4의 약수:

☐1☐ , ☐2☐ , ☐4☐

≫ **4**를 나누어떨어지게 하는 자연수를 모두 구하세요.

구해야 하는 것 _____ 4의 약수 _____

답 _____

2 6의 약수:

☐ , ☐ , ☐ , ☐

≫ **6**을 어떤 수로 나누었더니 **나누어떨어졌습니다.**
어떤 수가 될 수 있는 **자연수**를 모두 구하세요.

구해야 하는 것 _____

답 _____

3 5의 배수를 가장 작은 수
부터 차례로 쓰기

☐ , ☐ , ☐ , ...

≫ **20**보다 작은 수 중에서 **5의 배수**를 모두 구하세요.

답 _____

4 7의 배수를 가장 작은 수
부터 차례로 쓰기

☐ , ☐ , ☐ , ...

≫ **25**보다 작은 수 중에서 **7의 배수**를 모두 구하세요.

답 _____

5 10과 15의 최대공약수:

$$\boxed{}\,)\,\underline{10\quad15}$$
$$\quad\boxed{}\quad\boxed{}$$

→ $\boxed{}$

>> 10과 15를 어떤 수로 나누면 두 수 모두 나누어떨어집니다.
어떤 수 중에서 가장 큰 수를 구하세요.

구해야 하는 것 _____ 10과 15의 최대공약수 _____

답 _____

6 28과 35의 최대공약수:

$$\boxed{}\,)\,\underline{28\quad35}$$
$$\quad\boxed{}\quad\boxed{}$$

→ $\boxed{}$

>> 주스 **28병**과 물 **35병**을
최대한 많은 학생에게 **남김없이 똑같이 나누어** 주려고 합니다.
주스와 물을 **최대 몇 명**에게 나누어 줄 수 있나요?

구해야 하는 것 _____

꼭! 단위까지
따라 쓰세요.

답 _____ 명

7 9와 21의 최소공배수:

$$\boxed{}\,)\,\underline{9\quad21}$$
$$\quad\boxed{}\quad\boxed{}$$

→ $\boxed{} \times \boxed{} \times \boxed{}$

= $\boxed{}$

>> 지은이는 **9일마다** 봉사활동을 가고
재호는 **21일마다** 봉사활동을 갑니다.
지은이와 재호가 오늘 봉사활동을 같이 갔다면
바로 다음번에 봉사활동을 같이 가는 날은 며칠 후인가요?

구해야 하는 것 _____

답 _____ 일 후

문해력 기초 다지기

◑ 간단한 문장제를 풀어 봅니다.

1 사탕 **9개**를 친구들에게 **남김없이 똑같이 나누어** 주려고 합니다.
사탕을 친구들에게 나누어 주는 방법은 모두 **몇 가지**인가요?

답 _____

2 동물원에서 사파리 투어 버스가 **오후 2시**부터 **5분** 간격으로 출발합니다.
버스가 세 번째로 출발하는 시각은 **오후 몇 시 몇 분**인가요?

답 오후_____

3 초콜릿 **24개**를 상자에 **남김없이 똑같이 나누어** 담으려고 합니다.
초콜릿을 상자에 똑같이 나누어 담는 방법은 모두 **몇 가지**인가요?

답 _____

4 터미널에서 공항으로 가는 버스가 **오전 9시**부터 **6분** 간격으로 출발합니다.
버스가 네 번째로 출발하는 시각은 **오전 몇 시 몇 분**인가요?

답 오전_____

5 민아는 **8분마다**, 혜리는 **10분마다** 운동장을 한 바퀴 돕니다.
두 사람이 같은 방향으로 동시에 출발할 때 **몇 분 후**에 출발점에서 처음 다시 만나나요?

구해야 하는 것 ‾‾‾‾‾‾‾‾‾‾ 8과 10의 최소공배수 ‾‾‾‾‾‾‾‾‾‾

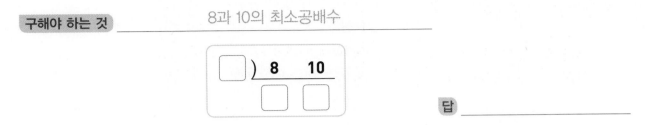

답 ‾‾‾‾‾‾‾‾‾‾‾‾‾‾‾‾

6 튤립 **27송이**와 장미 **36송이**를 최대한 많은 꽃병에 **남김없이 똑같이** 나누어 꽂으려고 합니다.
튤립과 장미를 **최대 몇 개**의 꽃병에 꽂을 수 있나요?

구해야 하는 것 ‾‾‾‾‾‾‾‾‾‾‾‾‾‾‾‾‾‾‾‾‾‾‾‾‾

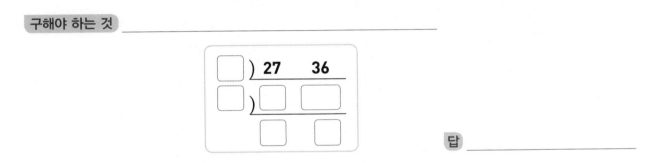

답 ‾‾‾‾‾‾‾‾‾‾‾‾‾‾‾‾

7 불우 이웃 돕기 성금을 소연이는 **30일마다** 한 번씩 내고, 유진이는 **40일마다** 한 번씩 냅니다.
오늘 두 사람이 불우 이웃 돕기 성금을 같이 냈다면 **바로 다음번**에 두 사람이 **같이** 성금을 내는 날은
며칠 후인가요?

구해야 하는 것 ‾‾‾‾‾‾‾‾‾‾‾‾‾‾‾‾‾‾‾‾‾‾‾‾‾

```
  ) 30    40
 )
```

답 ‾‾‾‾‾‾‾‾‾‾‾‾‾‾‾‾

수학 문해력 기르기

문해력 문제 1

미주가 1부터 40까지의 수를 차례대로 말하다가/
6의 배수에서는 말하는 대신 손뼉을 치고,/
7의 배수에서는 말하는 대신 발을 굴렀습니다./
미주가 손뼉을 치거나 발을 구른 횟수는 모두 몇 번인가요?
└•구하려는 것

해결 전략

┌ 손뼉을 친 횟수를 구하려면 ┐
❶ 1부터 40까지의 수 중에서 6의 배수의 개수를 구하고

┌ 발을 구른 횟수를 구하려면 ┐
❷ 1부터 40까지의 수 중에서 7의 배수의 개수를 구해

❸ (위 ❶에서 구한 수)+(위 ❷에서 구한 수)를 구한다.

문제 풀기

❶ 6의 배수: 6, 12,   ,   ,   ,

➔ 손뼉을 친 횟수: ☐번

❷ 7의 배수: 7, 14,   ,   ,

➔ 발을 구른 횟수: ☐번

❸ (미주가 손뼉을 치거나 발을 구른 횟수)

= ☐ + ☐ = ☐ (번)

답 _____

문해력 레벨업

문제의 의도를 파악하고 더 찾아야 할 조건을 생각하자.

(예) 주어진 범위 안에서 ■의 배수와 ▲의 배수의 개수의 합 구하기

┌ 주어진 범위 안에 ■와 ▲의 공배수가 없다면 ┐
각 수의 배수의 개수를 구해 더하자.

(■의 배수의 개수)
+(▲의 배수의 개수)

┌ 주어진 범위 안에 ■와 ▲의 공배수가 있다면 ┐
각 수의 배수의 개수의 합에서 공배수의 개수
만큼 빼자.

(■의 배수의 개수)+(▲의 배수의 개수)
-(■와 ▲의 공배수의 개수)

쌍둥이 문제

1-1 나연이가 1부터 40까지의 수를 차례로 종이에 쓰다가/ 5의 배수일 때는 수를 쓰는 대신에 ★을 그리고,/ 9의 배수일 때는 수를 쓰는 대신에 ♥를 그렸습니다./ 나연이가 그린 ★과 ♥는 모두 몇 개인가요?

따라 풀기 ❶

❷

❸

답 _____

문해력 레벨 1

1-2 재석이와 주미가 수영장에 갑니다./ 재석이는 날짜가 4의 배수인 날에 가고,/ 주미는 6의 배수인 날에 갑니다./ 5월 한 달 동안 수영장에 누가 몇 번 더 많이 가게 되는지 구하세요.

스스로 풀기 ❶

❷

❸

답 _____ , _____

문해력 레벨 2

1-3 지희와 상호는 피아노 학원에 다닙니다./ 지희는 날짜가 3의 배수인 날에 가고,/ 상호는 2의 배수인 날에 갑니다./ 8월 한 달 동안 두 사람 중에 지희만 피아노 학원에 간 날은 모두 몇 번인가요?

스스로 풀기 ❶ 지희가 피아노 학원에 간 횟수 구하기

❷ 두 사람이 동시에 피아노 학원에 간 횟수 구하기

❸ 두 사람 중에 지희만 피아노 학원에 간 횟수 구하기

답 _____

수학 문해력 기르기

문해력 문제 2

어느 공장에서 ㉮*산업용 로봇은 15분마다,/
㉯ 산업용 로봇은 10분마다 새 작업을 시작합니다./
㉮와 ㉯ 로봇이 오전 9시에 동시에 새 작업을 시작했다면/
바로 다음번에 두 로봇이 동시에 새 작업을 시작하는 시각은 오전 몇 시
몇 분인가요?
└ 구하려는 것

출처: ©Getty Images Bank

해결 전략

┌ 두 로봇이 몇 분마다 동시에 시작하는지 구하려면 ┐

❶ 15와 10의 (최대공약수 , 최소공배수)를 구하고
알맞은 것에 ○표 하기 ┘

┌ 바로 다음번에 동시에 시작하는 시각을 구하려면 ┐

❷ 오전 9시부터 위 ❶에서 구한 시간이 지난 시각을 구한다.

문해력 백과

산업용 로봇: 작업 현장에서 사람 대신 일을 하는 로봇. 산업용 로봇을 이용하면 제품을 만드는 데 시간을 절약할 수 있다.

문제 풀기

❶
5) 15   10

→ 15와 10의 최소공배수: ☐

→ 두 로봇은 ☐ 분마다 동시에 새 작업을 시작한다.

❷ 바로 다음번에 두 로봇이 동시에 새 작업을 시작하는 시각:

오전 9시에서 ☐ 분이 지난 오전 ☐ 시 ☐ 분이다.

답 오전 _____

문해력 레벨업

최소공배수를 이용하여 두 일이 동시에 일어나는 시간을 구하자.

① ㉮ 전구가 **5초**마다 켜졌다 꺼지고 ㉯ 전구가 **7초**마다 켜졌다 꺼질 때
➔ 두 전구는 **35초**마다 동시에 켜졌다 꺼진다.

② ㉮ 전구가 **5초** 동안 켜져 있다가 **2초** 동안 꺼지고, ㉯ 전구가 **7초** 동안 켜져 있다가 **1초** 동안 꺼질 때
➔ ㉮ 전구는 **(5+2)초**마다 켜지고 ㉯ 전구는 **(7+1)초**마다 켜진다.
➔ 두 전구는 **56초**마다 동시에 켜진다.

· 정답과 해설 **8쪽**

🎓 복습책 12쪽에 유사, 심화문제 제공

쌍둥이 문제

2-1 선미는[※]스마트 팜을 이용하여 오이와 상추를 키우고 있습니다. /물을 오이에는 12일마다,/ 상추에는 18일마다 줍니다./ 3월 1일에 두 채소에 동시에 물을 주었다면/ 바로 다음번에 두 채소에 동시에 물을 주는 날은 몇 월 며칠인가요?

따라 풀기 ❶

문해력 백과 📖
스마트 팜: 인공 지능의 기술을 이용하여 채소, 과일 등을 키우는 농업의 형태

❷

답 _____

문해력 레벨 1

2-2 크리스마스 트리에 있는 노란색 전구는 9초 동안 켜져 있다가 7초 동안 꺼지고,/ 빨간색 전구는 12초 동안 켜져 있다가 8초 동안 꺼집니다./ 두 전구가 동시에 켜진 후 바로 다음번에 동시에 켜지기까지 걸리는 시간은 몇 초인가요?

스스로 풀기 ❶ 각 전구가 몇 초마다 켜지는지 구하기

❷ 두 전구가 바로 다음번에 동시에 켜지기까지 걸리는 시간 구하기

답 _____

문해력 레벨 2

2-3 연아와 준환이는 공원을 일정한 빠르기로 걷고 있습니다./ 연아는 9분마다,/ 준환이는 12분마다 공원을 한 바퀴 돕니다./ 두 사람이 출발점에서 같은 방향으로 동시에 출발할 때,/ 출발 후 2시간 동안 출발점에서 몇 번 만나나요?

스스로 풀기 ❶ 두 사람이 출발점에서 처음으로 만나는 때는 몇 분 후인지 구하기

❷ 2시간 동안 몇 분 후마다 만나는지 구하기

❸ 두 사람이 출발 후 2시간 동안 출발점에서 몇 번 만나는지 구하기

답 _____

수학 문해력 기르기

문해력 문제 3

진하네 학교 체육 행사에 크림빵 75개와 단팥빵 96개를 준비해/
최대한 많은 학생에게 똑같이 나누어 주었더니/
크림빵 3개와 단팥빵 6개가 남았습니다./
나누어 준 학생은 몇 명인지 구하세요.
└구하려는 것

해결 전략

실제로 나누어 준 빵 수를 구해야 하니까

❶ (준비한 빵 수)−(남은 빵 수)를 계산하여
크림빵 수와 단팥빵 수를 각각 구하고

빵을 나누어 준 최대 학생 수를 구하려면

❷ 위 ❶에서 구한 크림빵 수와 단팥빵 수의 (최대공약수 , 최소공배수)를 구한다.

문제 풀기

❶ (실제로 나누어 준 크림빵 수)=75−3=☐(개)

(실제로 나누어 준 단팥빵 수)=96−6=☐(개)

❷ 빵을 나누어 준 학생 수 구하기

☐)72 90

➜ 72와 90의 최대공약수: ☐

➜ 최대 ☐명에게 똑같이 나누어 주었다.

답 _____

문해력 레벨업

문제 조건을 파악하여 실제로 필요한 수를 구하자.

예 사과 15개를 준비하여 몇 명에게 똑같이 나누어 주려고 할 때 실제로 필요한 사과 수 구하기

사과가 1개 부족한 경우

부족한 사과 수만큼 더 필요하다.
➜ (필요한 사과 수)=15+1=16(개)

사과가 1개 남는 경우

남는 사과 수만큼은 필요하지 않다.
➜ (필요한 사과 수)=15−1=14(개)

쌍둥이 문제

3-1 윤기네 반에서 미술 시간에 그림을 그리려고 합니다./ 도화지 65장과 색연필 88자루를 준비해/ 최대한 많은 학생에게 똑같이 나누어 주었더니/ 도화지는 2장, 색연필은 4자루가 남았습니다./ 나누어 준 학생은 몇 명인지 구하세요.

| 따라 풀기 | ❶ |

❷

답 _____

문해력 레벨 1

3-2 92와 73을 어떤 수로 나누면 나머지가 각각 2와 3입니다./ 어떤 수가 될 수 있는 수 중에서 가장 큰 수를 구하세요.

| 스스로 풀기 | ❶ |

❷

답 _____

문해력 레벨 2

3-3 오늘은 축구 경기가 있는 날입니다./ 음료수 80개와 햄버거 59개를 준비해/ 최대한 많은 축구 선수에게 똑같이 나누어 주려고 했더니/ 음료수는 4개가 부족하고 햄버거는 3개가 남습니다./ 나누어 주려고 한 축구 선수는 몇 명인지 구하세요.

| 스스로 풀기 | ❶ 실제로 필요한 음료수 수와 햄버거 수 각각 구하기 |

❷ 음료수와 햄버거를 나누어 주려고 한 축구 선수 수 구하기

답 _____

문해력 문제 4

현희네 반 학생들이 동물원으로 소풍을 가서 단체 사진을 찍으려고 합니다./
한 줄에 6명씩 서도 **2명**이 남고/
한 줄에 8명씩 서도 **2명**이 남습니다./
현희네 반 학생은 **적어도 몇 명**인지 구하세요.
└ 구하려는 것

해결 전략

┌ 한 줄에 6명씩 서거나 8명씩 섰을 때 최소 학생 수를 구해야 하니까 ┐

❶ 6과 8의 (최대공약수 , 최소공배수)를 구한 후

┌ 현희네 반 최소 학생 수를 구하려면 ┐

❷ (위 ❶에서 구한 최소공배수)＋**(줄을 섰을 때 남은 학생 수)**로 구한다.

> **문해력 핵심**
> 적어도 몇 명인지 구하는 문제는 최소 학생 수를 구하면 된다.

문제 풀기

❶ [ )6 8] ➔ 6과 8의 최소공배수: [ ]

❷ 현희네 반 학생은 적어도 [ ]＋[ ]＝[ ](명)이다.

답 _____

문해력 레벨업

서로 다른 두 수로 나눈 나머지가 같을 때 나누어지는 수 구하기

┌─────────────────────────┐   ┌─────────────────────────┐
│ 어떤 수를 **5**로 나눈 나머지가 **3**이면 │   │ 어떤 수를 **8**로 나눈 나머지가 **3**이면 │
│ (어떤 수−**3**)은 **5**의 배수   │   │ (어떤 수−**3**)은 **8**의 배수   │
└─────────────────────────┘   └─────────────────────────┘

(어떤 수−**3**)은 **5**와 **8**의 공배수

어떤 수는 **5**와 **8**의 공배수보다 **3**만큼 큰 수이다.

• 정답과 해설 **9쪽**

🎓 복습책 14쪽에 유사, 심화문제 제공

쌍둥이 문제

4-1 윤후네 가족이[※]주말농장에서 딴 사과를 상자에 담으려고 합니다./ 사과를 한 상자에 20개씩 담아도 5개가 남고/ 28개씩 담아도 5개가 남습니다./ 윤후네 가족이 딴 사과는 적어도 몇 개인가요?

따라 풀기 **❶**

문해력 어휘 📝
주말농장: 주말을 이용해 채소 등을 가꾸는 도시 근처의 농장

❷

답 _____

문해력 레벨 1

4-2 20으로 나누어도 3이 남고,/ 36으로 나누어도 3이 남는 어떤 수가 있습니다./ 어떤 수가 될 수 있는 수 중에서 가장 작은 수를 구하세요.

스스로 풀기 **❶**

❷

답 _____

문해력 레벨 2

4-3 수아네 학교 5학년 학생들은 경주로 수학 여행을 갔습니다./[※]첨성대 앞에서 줄을 서려고 하는데 15명씩 서도 4명이 남고/ 9명씩 서도 4명이 남습니다./ 수아네 학교 5학년 학생 수가 100명보다 많고 150명보다 적을 때/ 5학년 학생은 몇 명인가요?

스스로 풀기 **❶** 15와 9의 최소공배수 구하기

문해력 어휘 📝
첨성대: 경주시에 있는 동양에서 가장 오래된 기상이나 우주를 관찰하던 시설

❷ 5학년 학생 수 구하기

답 _____

수학 문해력 기르기

문해력 문제 5

가로가 12 cm, 세로가 16 cm인 직사각형 모양의 종이를/
겹치지 않게 이어 붙여 정사각형 모양을 만들려고 합니다./
만들 수 있는 가장 작은 정사각형의 한 변의 길이는 몇 cm인가요?
└ 구하려는 것

해결 전략

🎓 **문해력 핵심**
종이를 이어 붙여 만든 정사각형의 한 변의 길이는 종이의 가로, 세로의 길이보다 길어지므로 '배수'의 개념을 이용해서 구한다.

┌ 가장 작은 정사각형의 한 변의 길이를 구해야 하니까 ┐

❶ 12와 16의 (최대공약수 , 최소공배수)를 구해서

❷ 위 ❶에서 구한 수가 가장 작은 정사각형의 한 변의 길이가 된다.

문제 풀기

❶

) 12   16   ➡ 12와 16의 최소공배수: [　　]

❷ 가장 작은 정사각형의 한 변의 길이: [　　] cm

답 ＿＿＿＿＿＿＿＿＿＿＿

문해력 레벨업

가로와 세로의 최소공배수가 만든 정사각형의 한 변의 길이가 된다.

📌 **예** 가로가 6 cm, 세로가 4 cm인 직사각형을 겹치지 않게 이어 붙여 가장 작은 정사각형 만들기

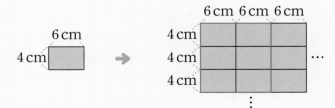

• 가로로 한 개씩 늘어놓을 때마다 길이가 **6**의 배수로 늘어난다.
• 세로로 한 개씩 늘어놓을 때마다 길이가 **4**의 배수로 늘어난다.

➡ 만들 수 있는 가장 작은 정사각형의 한 변의 길이: **6**과 **4**의 최소공배수(**12 cm**)

쌍둥이 문제

5-1 가로가 24 cm, 세로가 42 cm인 직사각형 모양의 색종이를/ 겹치지 않게 이어 붙여 정사각형 모양을 만들려고 합니다./ 만들 수 있는 가장 작은 정사각형의 한 변의 길이는 몇 cm인가요?

따라 풀기 ❶

❷

답 _____

문해력 레벨 1

5-2 가로가 20 cm, 세로가 28 cm인 직사각형 모양의 종이를/ 겹치지 않게 이어 붙여 정사각형 모양을 만들려고 합니다./ 만들 수 있는 두 번째로 작은 정사각형의 한 변의 길이는 몇 cm인가요?

스스로 풀기 ❶

❷

답 _____

문해력 레벨 2

5-3 가로가 30 cm, 세로가 18 cm인 직사각형 모양의 타일을/ 겹치지 않게 빈틈없이 이어 붙여 가장 작은 정사각형 모양을 만들려고 합니다./ 필요한 직사각형 모양의 타일은 모두 몇 장인가요?

스스로 풀기 ❶ 가장 작은 정사각형의 한 변의 길이 구하기

❷ 가로와 세로에 이어 붙이는 타일 수를 구하여 필요한 타일 수 구하기

답 _____

수학 문해력 기르기

문해력 문제 6

지훈이는 가로가 60 cm, 세로가 28 cm인 직사각형 모양의 종이를/
크기가 같은 정사각형 모양으로 남는 부분 없이 잘라/
스케치북에 *모자이크로 장식하려고 합니다./
자를 수 있는 가장 큰 정사각형의 한 변의 길이는 몇 cm인가요?
└ 구하려는 것

해결 전략

[가장 큰 정사각형의 한 변의 길이를 구해야 하니까]

❶ 60과 28의 (최대공약수 , 최소공배수)를 구해서

문해력 핵심
종이를 잘라 만든 정사각형의 한 변의 길이는 종이의 가로, 세로의 길이보다 짧아지므로 '약수'의 개념을 이용해서 구한다.

❷ 위 ❶에서 구한 수가 가장 큰 정사각형의 한 변의 길이가 된다.

문제 풀기

❶
```
    ) 60   28
```
→ 60과 28의 최대공약수: ☐

문해력 어휘
모자이크: 종이, 유리, 타일 등을 조각조각 붙여서 무늬나 그림을 만드는 방법

❷ 가장 큰 정사각형의 한 변의 길이: ☐ cm

답 _____

문해력 레벨업

가로와 세로의 최대공약수가 자른 정사각형의 한 변의 길이가 된다.

예 가로가 10 cm, 세로가 4 cm인 직사각형을 크기가 같은 가장 큰 정사각형으로 남는 부분 없이 자르기

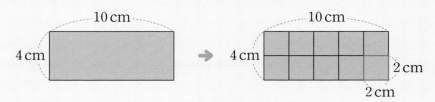

• 가로는 **10**의 약수의 길이로 자를 수 있다.
• 세로는 **4**의 약수의 길이로 자를 수 있다.
➡ 남는 부분 없이 자를 수 있는 가장 큰 정사각형의 한 변의 길이: **10**과 **4**의 최대공약수(**2 cm**)

쌍둥이 문제

6-1 ※조각보를 만들기 위해 가로가 40 cm, 세로가 32 cm인 직사각형 모양의 천을/ 남는 부분 없이 크기가 같은 정사각형 모양으로 잘라/ 여러 장 만들려고 합니다./ 만들 수 있는 가장 큰 정사각형의 한 변의 길이는 몇 cm인가요?

따라 풀기 ❶

문해력 어휘 📑

조각보: 여러 가지 조각 천을 모아 이어서 만든 보자기

❷

답 _____

문해력 레벨 1

6-2 가로가 63 cm, 세로가 45 cm인 직사각형 모양의 종이가 있습니다./ 이 종이를 남는 부분 없이 크기가 같은 정사각형 모양으로 잘라/ 여러 장 만들려고 합니다./ 만들 수 있는 가장 큰 정사각형은 모두 몇 장인가요?

스스로 풀기 ❶ 가장 큰 정사각형의 한 변의 길이 구하기

❷ 가로와 세로를 잘라 나오는 정사각형 수를 구하여 만들 수 있는 가장 큰 정사각형 수 구하기

답 _____

문해력 레벨 2

6-3 오른쪽과 같이 벽을 제외한 세 곳에 주어진 길이로 울타리를 치려고 합니다./ 같은 간격으로 울타리의 기둥을 세우고/ 벽과 만나는 곳과 울타리끼리 만나는 부분에도 기둥을 세워야 합니다./ 기둥은 적어도 몇 개 필요한가요? (단, 기둥의 굵기는 생각하지 않습니다.)

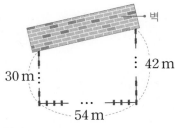

스스로 풀기 ❶ 기둥을 가장 적게 사용할 때 기둥과 기둥 사이의 간격 구하기

세 수의 최대공약수를 구할 때는 세 수의 공통된 약수로 동시에 나누어 구해.

예 2) 10 14 18
　　 5   7   9

➡ 10, 14, 18의
최대공약수: 2

❷ 울타리의 전체 길이 구하기

❸ 필요한 최소 기둥 수 구하기

답 _____

일 수학 문해력 기르기

관련 단원 약수와 배수

문해력 문제 7

오른쪽 수정 테이프 속에 있는 ㉠ 톱니바퀴와 ㉡ 톱니바퀴가 서로 맞물려 돌아가고 있습니다. /
톱니바퀴의 톱니 수는 ㉠이 20개, ㉡이 30개입니다. /
처음에 맞물렸던 두 톱니가 다시 만나려면 /
㉠ 톱니바퀴는 적어도 몇 바퀴를 돌아야 하나요?
└ 구하려는 것

해결 전략

┌ 처음에 맞물렸던 두 톱니가 다시 만날 때까지 움직이는 톱니 수를 구하려면 ┐

❶ 20과 30의 (최대공약수 , 최소공배수)를 구하고

┌ ㉠ 톱니바퀴의 최소 회전수를 구하려면 ┐

❷ (위 ❶에서 구한 움직이는 톱니 수)÷(㉠ 톱니바퀴의 톱니 수)로 구하자.

> **문해력 핵심**
> 적어도 몇 바퀴를 돌아야 하는지를 구하는 문제는 최소 회전수를 구하면 된다.

문제 풀기

❶
```
 ) 20  30
```
→ 20과 30의 최소공배수: ☐

→ 두 톱니가 각각 ☐개씩 움직였을 때 다시 만난다.

> **문해력 어휘**
> 수정 테이프: 볼펜으로 적은 글자를 고치거나 지우기 위하여 그 위에 붙이는 흰색 테이프

❷ ㉠ 톱니바퀴는 적어도 ☐ ÷20= ☐(바퀴)를 돌아야 한다.

답 _____

문해력 레벨업

처음에 맞물렸던 두 톱니가 다시 만나려면 두 톱니 수의 공배수만큼 움직여야 한다.

예 빨간색 톱니바퀴의 톱니가 4개, 파란색 톱니바퀴의 톱니가 6개인 경우

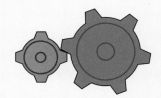

처음에 맞물렸던 톱니가 같은 위치로 돌아올 때
• 빨간색 톱니는 **4**의 배수 번째마다: 4번째, 8번째, 12번째, ...
• 파란색 톱니는 **6**의 배수 번째마다: 6번째, 12번째, 18번째, ...
➡ 빨간색 톱니와 파란색 톱니는 **4**와 **6**의 공배수 번째마다 처음 맞물렸던 위치에서 다시 만난다.

쌍둥이 문제

7-1 ㉠ 톱니바퀴와 ㉡ 톱니바퀴가 서로 맞물려 돌아가고 있습니다./ 톱니바퀴의 톱니 수는 ㉠이 16개, ㉡이 28개입니다./ 처음에 맞물렸던 두 톱니가 다시 만나려면/ ㉡ 톱니바퀴는 적어도 몇 바퀴를 돌아야 하나요?

> 따라 풀기 ❶
>
> ❷

답 _____

문해력 레벨 2

7-2 ㉠ 톱니바퀴와 ㉡ 톱니바퀴가 서로 맞물려 돌아가고 있습니다./ 톱니바퀴의 톱니 수는 ㉠이 42개, ㉡이 60개입니다./ 처음에 맞물렸던 두 톱니가 다시 만나려면/ 두 톱니바퀴는 적어도 각각 몇 바퀴씩 돌아야 하나요?

> 스스로 풀기 ❶
>
> ❷

답 ㉠: _____ , ㉡: _____

문해력 레벨 2

7-3 ㉮ 톱니바퀴와 ㉯ 톱니바퀴가 서로 맞물려 돌아가고 있습니다./ 톱니바퀴의 톱니 수는 ㉮가 27개, ㉯가 45개이고/ ㉮ 톱니바퀴는 한 바퀴를 도는 데 3분이 걸립니다./ 처음에 맞물렸던 두 톱니가 다시 만날 때까지 걸리는 시간은 적어도 몇 분인가요?

> 스스로 풀기 ❶ 두 톱니가 다시 만날 때까지 움직이는 톱니 수 구하기
>
> ❷ ㉮ 톱니바퀴의 최소 회전 수 구하기
>
> ❸ 처음에 맞물렸던 두 톱니가 다시 만날 때까지 걸리는 최소 시간 구하기

답 _____

수학 문해력 기르기

문해력 문제 8

두 자연수 ㉠과 40이 있습니다./
두 자연수의 **최대공약수는 8**이고,/ **최소공배수는 280**입니다./
나머지 한 수인 ㉠을 구하세요.
└ 구하려는 것

해결 전략

(최대공약수를 구하는 방법을 이용하여)

❶ ㉠과 40을 **최대공약수 8**로 나누어 나타내고

(위 ❶에서 나타낸 것을 보고)

❷ ㉠과 40의 **최소공배수**를 구하는 식을 쓴다.

❸ 위 ❶과 ❷를 이용하여 ㉠의 값을 구한다.

문제 풀기

❶ ㉠과 40을 최대공약수 8로 나누어 나타내기

$$8) \underline{\quad ㉠ \quad 40 \quad}$$
$$\blacksquare \quad \boxed{}$$

🎓 **문해력 핵심**

㉠을 8로 나눈 몫을 알 수 없으므로 ■로 나타낸다.

❷ ㉠과 40의 최소공배수 구하는 식을 써서 ■의 값 구하기

㉠과 40의 최소공배수: $8 \times \blacksquare \times 5 = 280$

$\rightarrow 40 \times \blacksquare = 280, \ \blacksquare = \boxed{}$

❸ $㉠ = 8 \times \blacksquare = 8 \times \boxed{} = \boxed{}$

답 _____

💡 **문해력 레벨업**

두 수의 최대공약수와 최소공배수를 이용하여 모르는 수를 구하자.

예 두 수 ㉮와 15의 최대공약수가 3이고, 최소공배수가 60일 때

① 최대공약수 3으로 나누기

$$3) \underline{\quad ㉮ \quad 15 \quad}$$
$$㉠ \qquad 5$$

② 최소공배수 구하는 식으로 나타내기

$$3 \times ㉠ \times 5 = 60$$
$$㉠ = 4$$

③ ㉮ 구하기

$$3) \underline{\quad ㉮ \quad 15 \quad}$$
$$\times \quad 4 \qquad 5$$

$\rightarrow ㉮ = 3 \times 4 = 12$

🎓 복습책 18쪽에 유사, 심화문제 제공

쌍둥이 문제

8-1 두 자연수 ㉠과 56이 있습니다./ 두 자연수의 최대공약수는 14이고,/ 최소공배수는 504입니다./ 나머지 한 수인 ㉠을 구하세요.

따라 풀기   ❶

❷

❸

답 _____

문해력 레벨 1

8-2 두 자연수 ㉠과 ㉡의 최대공약수는 36이고,/ 최소공배수는 720입니다./ ㉡을 최대공약수로 나누면 몫이 5일 때/ ㉠과 ㉡을 각각 구하세요.

스스로 풀기   ❶

❷

❸

답 ㉠: _____ , ㉡: _____

문해력 레벨 2

8-3 두 자연수 ㉠과 ㉡의 최대공약수는 35이고,/ 최소공배수는 245입니다./ ㉠이 ㉡보다 작을 때, ㉡을 구하세요.

스스로 풀기   ❶

❷ ㉠과 ㉡의 최소공배수 구하는 식을 써서 ■×▲의 값 구하기

❸ ■와 ▲가 될 수 있는 자연수 찾기

❹ 위 ❸에서 구한 ▲를 이용하여 ㉡을 구하기

답 _____

수학 문해력 완성하기

관련 단원 약수와 배수

기출 1

36과 ㉠의 최대공약수는 12이고,/ 40과 ㉠의 최대공약수는 20입니다./ ㉠은 같은 수일 때/ ㉠이 될 수 있는 수 중에서 가장 작은 수를 구하세요.

해결 전략

■와 ▲의 최대공약수가 ●

↓

■와 ▲는 ●의 배수

※20년 상반기 19년 기출 유형

문제 풀기

❶ ㉠이 될 수 있는 수 알아보기

36과 ㉠의 최대공약수는 12이므로 ㉠은 12의 (약수 , 배수)이다.

40과 ㉠의 최대공약수는 20이므로 ㉠은 20의 (약수 , 배수)이다.

따라서 ㉠은 12와 20의 (공약수 , 공배수)이다.

❷ ㉠이 될 수 있는 수 중에서 가장 작은 수 구하기

㉠이 될 수 있는 수 중에서 가장 작은 수를 구해야 하므로

12와 20의 (최대공약수 , 최소공배수)를 구한다.

) 12 20

➡ 12와 20의 최소공배수: ☐

따라서 ㉠이 될 수 있는 수 중에서 가장 작은 수는 ☐이다.

답 _____

복습책 19~20쪽에 유사, 심화문제 제공

관련 단원 **약수와 배수**

기출 2 초콜릿이 들어 있는 상자가 9개 있습니다./ 이 상자 중에서 들어 있는 초콜릿의 수가 가장 많은 것은 50개이고,/ 가장 적은 것은 45개입니다./ 9개의 상자에 들어 있는 초콜릿을 모두 꺼내어 한 봉지에 40개씩 나누어 담으면/ 마지막 봉지에는 초콜릿이 5개 모자란다고 합니다./ 9개의 상자에 들어 있는 초콜릿은 모두 몇 개인가요?

해결 전략

많으려면 ▷ **50**개가 들어 있는 상자 수는 많고, **45**개가 들어 있는 상자 수는 적어야 한다.

적으려면 ▷ **50**개가 들어 있는 상자 수는 적고, **45**개가 들어 있는 상자 수는 많아야 한다.

※20년 상반기 20번 기출유형

문제 풀기

❶ 초콜릿이 가장 많을 때의 초콜릿 수 구하기

초콜릿이 가장 많을 때는 초콜릿이 50개씩 들어 있는 상자가 ☐개이고,

45개씩 들어 있는 상자가 ☐개일 때이다.

➡ (초콜릿 수)=

❷ 초콜릿이 가장 적을 때의 초콜릿 수 구하기

초콜릿이 가장 적을 때는 초콜릿이 50개씩 들어 있는 상자가 ☐개이고,

45개씩 들어 있는 상자가 ☐개일 때이다.

➡ (초콜릿 수)=

❸ 9개의 상자에 들어 있는 초콜릿 수 구하기

초콜릿을 한 봉지에 40개씩 나누어 담았으므로 40의 (약수 , 배수)를 이용한다.

위 ❶과 ❷에서 구한 초콜릿 수의 범위 안에서 40의 배수는 ☐이고,

마지막 봉지에서 5개가 모자라므로 초콜릿은 모두 ☐―5=☐(개)이다.

답 _____

수학 문해력 완성하기

관련 단원 약수와 배수

창의 3

다음과 같이 색을 섞으면 각각 분홍색, 하늘색, 보라색이 됩니다./ 길이가 100 cm인 종이 띠의 한쪽 끝을 시작점으로 하여/ 같은 방향으로 빨간색은 5 cm, 흰색은 4 cm, 파란색은 7 cm 간격으로 물감을 짜 놓으려고 합니다./ 같은 위치에 2가지 물감을 짜 놓을 때는 물감을 섞는다면/ 종이띠 위에 분홍색과 보라색이 되는 곳은/ 모두 몇 군데인가요?/ (단, 종이띠의 시작점과 끝점에는 빨간색 물감만 짜 놓습니다.)

[빨간색] + [흰색] → [분홍색]   [파란색] + [흰색] → [하늘색]   [빨간색] + [파란색] → [보라색]

해결 전략

• 분홍색이 만들어지는 곳 ➡ 빨간색과 흰색을 동시에 짜 놓는 곳 ➡ 5와 4의 공배수를 구하자.
• 보라색이 만들어지는 곳 ➡ 빨간색과 파란색을 동시에 짜 놓는 곳 ➡ 5와 7의 공배수를 구하자.

문제 풀기

❶ 분홍색이 되는 곳 알아보기

빨간색과 흰색을 동시에 짜 놓는 곳은 5와 4의 공배수가 되는 곳이다.

분홍색이 되는 곳: ☐ cm, ☐ cm, ☐ cm, ☐ cm ➡ ☐ 군데

❷ 보라색이 되는 곳 알아보기

빨간색과 파란색을 동시에 짜 놓는 곳은 5와 7의 공배수가 되는 곳이다.

❸ 분홍색과 보라색이 되는 곳은 모두 몇 군데인지 구하기

답 _____

융합 4

간지는 십간과 십이지(12종류 동물)를 합해서 만든 것입니다./ 이때 간지의 표기는 갑자, 을축, ..., 계유, 갑술, ...과 같이/ 십간을 앞에, 십이지를 뒤에 차례대로 써서 나타냅니다./ 1905년에 일어난 을사조약은/ 을사년에 일본이 한국의 외교권을 빼앗기 위하여 강제적으로 맺은 조약이어서 을사조약이라고 합니다./ 1905년 이후부터 2100년까지 을사년은 몇 번 있나요?

	1	2	3	4	5	6	7	8	9	10	11	12
십간	갑	을	병	정	무	기	경	신	임	계		
십이지	자 (쥐)	축 (소)	인 (호랑이)	묘 (토끼)	진 (용)	사 (뱀)	오 (말)	미 (양)	신 (원숭이)	유 (닭)	술 (개)	해 (돼지)

해결 전략

십간은 **10년**마다, 십이지는 **12년**마다 반복된다.

⬇

10과 12의 공배수일 때마다 같은 간지가 반복되어 나온다.

문제 풀기

❶ 몇 년마다 같은 간지가 반복되는지 구하기

⬜) 10   12
　　⬜ ⬜

➡ 10과 12의 최소공배수: ⬜

➡ ⬜ 년마다 같은 간지가 반복되어 나온다.

❷ 1905년 이후부터 2100년까지 을사년을 모두 찾아 몇 번인지 구하기

을사년인 1905년 이후에 돌아오는 을사년을 쓰면

답 _____

수학 문해력 평가하기

문제를 읽고 조건을 표시하면서 풀어 봅니다.

40쪽 문해력 1

1 태리는 5부터 35까지의 수를 차례대로 말하다가 4의 배수일 때는 말하는 대신 한 손을 들고, 9의 배수일 때는 말하는 대신 한 발을 들었습니다. 태리가 한 손을 들거나 한 발을 든 횟수는 모두 몇 번인가요?

풀이

답 _____

50쪽 문해력 6

2 가로가 48 cm, 세로가 42 cm인 직사각형 모양의 그림이 있습니다. 이 그림을 크기가 같은 정사각형 모양으로 남김없이 여러 장 잘라 그림 맞추기 퍼즐을 만들려고 합니다. 자를 수 있는 가장 큰 정사각형의 한 변의 길이는 몇 cm인가요?

풀이

답 _____

48쪽 문해력 5

3 가로가 56 cm, 세로가 70 cm인 직사각형 모양의 카드를 겹치지 않게 여러 장 이어 붙여 정사각형 모양을 만들려고 합니다. 만들 수 있는 가장 작은 정사각형의 한 변의 길이는 몇 cm인가요?

풀이

답 _____

42쪽 문해력 2

4 쓰레기 줍기 봉사 활동을 은미는 16일마다, 혜빈이는 24일마다 합니다. 5월 5일에 두 사람이 함께 봉사 활동을 했다면 바로 다음번에 두 사람이 함께 봉사 활동을 하는 날은 몇 월 며칠인가요?

풀이

답 _____

44쪽 문해력 3

5 연수가 초콜릿 86개와 사탕 60개를 준비해 최대한 많은 친구에게 똑같이 나누어 주었더니 초콜릿은 5개, 사탕은 6개가 남았습니다. 나누어 준 친구는 몇 명인지 구하세요.

풀이

답 _____

46쪽 문해력 **4**

6 시혁이는 가지고 있는 블록을 상자에 담으려고 합니다. 블록을 한 상자에 40개씩 담아도 3개가 남고 50개씩 담아도 3개가 남습니다. 시혁이가 가지고 있는 블록은 적어도 몇 개인가요?

풀이

답 _____

52쪽 문해력 **7**

7 톱니 수가 각각 36개, 48개인 ㉠과 ㉡ 톱니바퀴가 서로 맞물려 돌아가고 있습니다. 처음에 맞물렸던 두 톱니가 다시 만나려면 ㉡ 톱니바퀴는 적어도 몇 바퀴를 돌아야 하나요?

풀이

답 _____

50쪽 문해력 **6**

8 가로가 35 cm, 세로가 42 cm인 직사각형 모양의 종이가 있습니다. 이 종이를 남는 부분 없이 크기가 같은 정사각형 모양으로 잘라 여러 장 만들려고 합니다. 만들 수 있는 가장 큰 정사각형은 모두 몇 장인가요?

풀이

답 _____

54쪽 문해력 8

9 두 자연수 25와 ㉠이 있습니다. 두 자연수의 최대공약수는 5이고, 최소공배수는 350입니다. 나머지 한 수인 ㉠을 구하세요.

풀이

답 _____

42쪽 문해력 2

10 어느 바다의 가 등대는 11초 동안 켜져 있다가 9초 동안 꺼지고, 나 등대는 20초 동안 켜져 있다가 12초 동안 꺼집니다. 두 등대가 동시에 켜진 후 바로 다음번에 동시에 켜지기까지 걸리는 시간은 몇 분 몇 초인가요?

풀이

답 _____

3주

약분과 통분
분수의 덧셈과 뺄셈

약분은 분수를 간단하게 나타낼 때 이용되고 통분은 분모가 다른 두 분수의
분모를 같게 할 때 이용되요.
분수의 덧셈과 뺄셈은 통분을 이용하여 계산할 수 있어요. 다양한 덧셈과
뺄셈의 상황을 생각하여 문제를 해결해 봐요.

이번 주에 나오는 어휘 & 지식백과

74쪽 **표면** (表 겉 표, 面 낯 면)
겉으로 나타나거나 가장 바깥 면

74쪽 **면적** (面 낯 면, 積 쌓을 적)
표면을 차지하는 넓이의 크기

75쪽 **강우량** (降 내릴 강, 雨 비 우, 量 헤아릴 양)
어떤 기간 동안에 일정한 곳에 내린 비의 양

79쪽 **포구** (浦 개 포, 口 입 구)
강이나 바다에 배가 드나드는 곳

83쪽 **인스턴트** (instant)
즉석에서 간편하게 먹을 수 있는 식품

90쪽 **드론** (drone)
사람이 타지 않고 무선으로 조종할 수 있는 비행기

90쪽 **태양계** (太 클 태, 陽 볕 양, 系 맬 계)
태양과 태양의 영향이 미치는 공간과 그 안에 있는 천체를 통틀어 이르는 말

◯ 기초 문제가 어떻게 문장제가 되는지 알아봅니다.

1 $\dfrac{2}{8} = \dfrac{\square}{4}$ 　$\dfrac{2}{8}$를 기약분수로 나타내 보세요.

답 _____

2 $\dfrac{9}{12} = \dfrac{\square}{4}$ ≫　$\dfrac{9}{12}$를 기약분수로 나타내 보세요.

답 _____

3 ◯ 안에 >, =, <를 알 ≫ 맞게 써넣기

　$\dfrac{2}{3} \bigcirc \dfrac{3}{5}$

크기가 같은 와플을

리안이는 한 개의 $\dfrac{2}{3}$조각, 예빈이는 한 개의 $\dfrac{3}{5}$조각 먹었습니다.

와플을 더 **많이 먹은 사람**은 누구인가요?

답 _____

4 ◯ 안에 >, =, <를 알 ≫ 맞게 써넣기

　$3\dfrac{2}{5} \bigcirc 3\dfrac{5}{6}$

고양이의 무게는 $3\dfrac{2}{5}$ kg, 강아지의 무게는 $3\dfrac{5}{6}$ kg입니다.

고양이와 강아지 중에서 **더 가벼운 것**을 쓰세요.

답 _____

5 $\dfrac{3}{4}+\dfrac{1}{8}$

$=\dfrac{\square}{8}+\dfrac{1}{8}$

$=\boxed{}$

끈을 두 도막으로 잘랐더니

한 도막은 $\dfrac{3}{4}$ m이고, 다른 한 도막은 $\dfrac{1}{8}$ m입니다.

자르기 전의 끈의 길이는 몇 m인가요?

식 $\dfrac{3}{4}+\dfrac{1}{8}=\boxed{}$

꼭! 단위까지
따라 쓰세요.

답   m

6 $1\dfrac{4}{9}+1\dfrac{1}{6}$

$=1\dfrac{\square}{18}+1\dfrac{\square}{18}$

$=\boxed{}$

상자에 애플망고는 $1\dfrac{4}{9}$ kg 있고, 골드키위는 $1\dfrac{1}{6}$ kg 있습니다.

상자에 있는 애플망고와 골드키위는 모두 몇 kg인가요?

식

답   kg

7 $7\dfrac{3}{4}-5\dfrac{7}{10}$

$=7\dfrac{\square}{20}-5\dfrac{\square}{20}$

$=\boxed{}$

페인트가 $7\dfrac{3}{4}$ L 있었는데 $5\dfrac{7}{10}$ L를 사용했습니다.

사용하고 남은 페인트는 몇 L인가요?

식

답   L

공부한 날

월

일

준비
학습

67

문해력 기초 다지기

○ 간단한 문장제를 풀어 봅니다.

1 딸기를 윤아는 $1\frac{1}{9}$ kg, 연재는 $1\frac{3}{10}$ kg 땄습니다.

딸기를 더 많이 딴 사람은 누구인가요?

→ >, < 중 알맞은 것 쓰기

풀이 $1\frac{1}{9}\left(=1\frac{\boxed{}}{90}\right)$ ◯ $1\frac{3}{10}\left(=1\frac{\boxed{}}{90}\right)$

답 _____

2 집에서 학교까지의 거리는 $1\frac{5}{8}$ km, 집에서 병원까지의 거리는 $1\frac{7}{10}$ km입니다.

집에서 더 먼 곳은 어디인가요?

풀이

답 _____

3 크기가 같은 두 유리창을 청소 로봇 또또와 깨봇이 각각 청소하고 있습니다.

또또는 전체의 $\frac{11}{20}$만큼, 깨봇은 전체의 $\frac{9}{14}$만큼 청소했을 때

또또와 깨봇 중에서 **청소를 더 적게 한 로봇**을 쓰세요.

풀이

답 _____

4 지혁이네 가족이 어제는 물을 $2\frac{5}{7}$ L 마셨고, 오늘은 어제보다 $\frac{1}{2}$ L 더 많이 마셨습니다.

지혁이네 가족이 **오늘 마신 물의 양은 몇 L**인가요?

식  답

5 전기주전자 ㉠의 들이는 $2\frac{3}{5}$ L, ㉡의 들이는 $1\frac{4}{9}$ L입니다.

㉠과 ㉡의 들이의 **차는 몇 L**인가요?

식  답

6 직사각형의 가로는 $4\frac{3}{4}$ cm, 세로는 $2\frac{5}{12}$ cm입니다.

이 직사각형의 가로와 세로의 **길이의 합은 몇 cm**인가요?

식  답

7 어머니께서 목도리를 만드는 데 노란색 털실 $\frac{5}{8}$ m와 파란색 털실 $\frac{3}{14}$ m를 사용했습니다.

노란색 털실은 파란색 털실보다 **몇 m 더 많이** 사용했나요?

식  답

1일 수학 문해력 기르기

관련 단원 약분과 통분

문해력 문제 1

어느 날 낮의 길이는 14시간이었습니다./
이날 밤의 길이는 하루의 몇 분의 몇인지/ 기약분수로 나타내 보세요.
└ 구하려는 것

해결 전략

밤의 길이를 구하려면
└ +, −, ×, ÷ 중 알맞은 것 쓰기
❶ (하루의 길이) ◯ (낮의 길이)를 구하고,

밤의 길이는 하루의 몇 분의 몇인지 구하려면

❷ $\dfrac{(\boxed{}의\ 길이)}{(\boxed{}의\ 길이)}$ 를 기약분수로 나타낸다.

📖 문해력 백과
해가 뜰 때부터 해가 질 때까지의 시간을 낮이라고 한다.

문제 풀기

❶ 하루의 길이는 $\boxed{}$ 시간이므로

(밤의 길이) = 24 ◯ 14 = $\boxed{}$ (시간)이다.

❷ 밤의 길이는 하루의 $\dfrac{\boxed{}}{24}$ = $\boxed{}$ 이다.
└ 기약분수로 나타내기

답 _____

문해력 레벨업

전체의 양과 부분의 양을 찾아 부분은 전체의 몇 분의 몇인지 구하자.

예 밤의 길이는 하루의 몇 분의 몇인지 구하기

부분의 양 전체의 양
↓ ↓
분자 분모

→ $\dfrac{(부분의\ 양)}{(전체의\ 양)} = \dfrac{(밤의\ 길이)}{(하루의\ 길이)}$

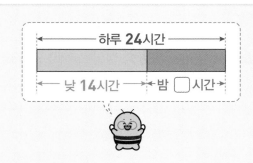

쌍둥이 문제

1-1 6월 한 달 동안*스마트 팜에서 물을 준 날수는 16일입니다./ 물을 주지 않은 날수는 6월 전체 날수의 몇 분의 몇인지/ 기약분수로 나타내 보세요.

따라 풀기 ❶

문해력 백과 📖
스마트 팜: 인공 지능의 기술을 이용하여 채소, 과일 등을 키우는 농업의 형태

❷

답 _____

문해력 레벨 1

1-2 꽃집에 장미가 48송이, 튤립이 26송이, 카네이션이 16송이 있습니다./ 장미 수는 전체 꽃 수의 몇 분의 몇인지/ 기약분수로 나타내 보세요.

스스로 풀기 ❶ 전체 꽃 수 구하기

❷ 장미 수는 전체 꽃 수의 몇 분의 몇인지 구하기

답 _____

문해력 레벨 2

1-3 세나는 색종이를 65장 가지고 있었습니다./ 이 중에서 20장은 종이배를 접고,/ 19장은 종이 비행기를 접었습니다./ 남은 색종이 수는 처음 색종이 수의 몇 분의 몇인지/ 기약분수로 나타내 보세요.

스스로 풀기 ❶ 남은 색종이 수 구하기

❷ 남은 색종이 수는 처음 색종이 수의 몇 분의 몇인지 구하기

답 _____

수학 문해력 기르기

관련 단원 약분과 통분

문해력 문제 2

어떤 분수를 기약분수로 나타내면 $\dfrac{3}{5}$입니다./

이 분수의 분모와 분자의 합이 40일 때/

어떤 분수를 구하세요.
└ 구하려는 것

해결 전략

> 문해력 핵심
> 어떤 분수는 기약분수 $\dfrac{3}{5}$과 크기가 같은 분수이다.

기약분수로 나타내기 전 어떤 분수를 나타내려면

❶ 기약분수의 분모와 분자에 같은 수(●)를 곱한다.

❷ 위 ❶에서 나타낸 분수의 분모와 분자의 합이 ☐이 되게 하는 ●를 구하고

어떤 분수를 구하려면

❸ 기약분수의 분모와 분자에 각각 ●를 곱한다.

문제 풀기

❶ 어떤 분수를 $\dfrac{3\times●}{5\times●}$로 나타내면

❷ 위 ❶에서 구한 분수의 분모와 분자의 합이 40이 되도록 하는 ●를 구하기

$$5\times● + 3\times● = 40$$

$$\boxed{}\times● = 40$$

$$● = \boxed{}$$

❸ (어떤 분수)$= \dfrac{3\times\boxed{}}{5\times\boxed{}} = \boxed{}$

답 _____

문해력 레벨업

기약분수의 분모와 분자에 같은 수를 곱하여 어떤 분수를 나타내자.

예 어떤 분수를 기약분수로 나타내면 $\dfrac{1}{2}$일 때

→ 어떤 분수는 기약분수와 크기가 같은 분수이다.

기약분수   어떤 분수

$\dfrac{1}{2}$ ── 분모와 분자에 같은 수(☐) 곱하기 ── $\dfrac{1\times☐}{2\times☐}$

> 분모와 분자에 같은 수를 곱하면 크기가 같은 분수를 만들 수 있어.

쌍둥이 문제

2-1 어떤 분수의 분모와 분자의 합은 56이고,/ 기약분수로 나타내면 $\dfrac{5}{9}$입니다./ 어떤 분수를 구하세요.

따라 풀기 ❶

❷

❸

답 _____

문해력 레벨 1

2-2 어떤 분수의 분모와 분자의 차는 48이고,/ 기약분수로 나타내면 $\dfrac{3}{7}$입니다./ 어떤 분수를 구하세요.

스스로 풀기 ❶

❷

❸

답 _____

문해력 레벨 2

2-3 은서가 분수 하나를 생각하고/ 이 분수의 분자에 8을 더하여 새로운 분수를 만들었습니다./ 새로 만든 분수의 분모와 분자의 합은 104이고,/ 기약분수로 나타내면 $\dfrac{6}{7}$입니다./ 은서가 생각한 분수를 구하세요.

스스로 풀기 ❶ 기약분수의 분모와 분자에 같은 수를 곱하여 새로 만든 분수 나타내기

❷ 분모와 분자에 곱한 수 구하기

❸ 새로 만든 분수 구하기

❹ 은서가 생각한 분수 구하기

답 _____

수학 문해력 기르기

관련 단원 약분과 통분

문해력 문제 3

우리가 사는 지구*표면은 육지와 바다로 이루어져 있습니다./

육지와 바다의*면적은/ 지구 표면의 각각 0.28과 $\frac{18}{25}$입니다./

육지와 바다 중에서 **면적이 더 넓은 곳은 어디인가요?**
└ 구하려는 것

문해력 어휘
표면: 겉으로 나타나거나 가장 바깥 면
면적: 표면을 차지하는 넓이의 크기

해결 전략

소수와 분수의 크기를 비교하려면 한 가지 형태로 나타내야 하니까

❶ 육지의 면적인 0.28을 분수로 나타낸다.

면적이 더 넓은 곳을 구하려면

❷ 위 ❶에서 나타낸 분수와 **바다의 면적인** $\frac{18}{25}$의 크기를 비교한다.

문제 풀기

┌ 분모가 25인 분수로 나타내기

❶ $0.28 = \dfrac{\boxed{}}{100} = \dfrac{\boxed{}}{25}$

바다 면적의 분모가 25이므로 소수를 분수로 바꿀 때 분모가 25인 분수로 바꾸자.

❷ 육지와 바다의 면적 비교하기
┌ 육지의 면적 ┌ 바다의 면적
$\dfrac{\boxed{}}{25} \bigcirc \dfrac{18}{25}$ 이므로 면적이 더 넓은 곳은 $\boxed{}$ 이다.
└ >, < 중 알맞은 것 쓰기

답 _____

문해력 레벨업

분수와 소수의 크기 비교는 분수와 소수 중 한 가지 형태로 통일하여 크기를 비교한다.

방법1
① 소수를 분수로 나타낸 후
② 통분하여 분수의 크기 비교하기

방법2
① 분수를 소수로 나타낸 후
② 소수의 크기 비교하기

쌍둥이 문제

3-1 2020년의 전체※강우량을 1로 보았을 때/ 봄과 가을의 강우량을 조사하였습니다./ 봄의 강우량은 0.1, 가을의 강우량은 $\frac{4}{25}$일 때/ 봄과 가을 중 강우량이 더 많은 계절은 언제인가요?

따라 풀기 ❶

출처: ©Yana Kotina/Shutterstock

문해력 어휘 📖
강우량: 어떤 기간 동안에 일정한 곳에 내린 비의 양

❷

답 _____

문해력 레벨 1

3-2 학교에서 각 장소까지의 거리를 알아보았습니다./ 도서관까지의 거리는 $1\frac{3}{10}$ km, 수영장까지의 거리는 1.4 km, 학원까지의 거리는 $1\frac{7}{9}$ km입니다./ 학교에서 가장 가까운 곳은 어디인가요?

스스로 풀기 ❶

❷

답 _____

문해력 레벨 1

3-3 아몬드 $4\frac{1}{12}$ kg, 호두 $4\frac{9}{10}$ kg, 땅콩 4.3 kg이 있습니다./ 아몬드, 호두, 땅콩을 무게가 가벼운 것부터 차례로 쓰세요.

스스로 풀기 ❶ 4.3을 분수로 나타내기

❷ 아몬드, 호두, 땅콩의 무게 비교하기

답 _____

^일 수학 문해력 기르기

문해력 문제 4

$\dfrac{1}{4}$보다 크고 $\dfrac{1}{2}$보다 작은 분수 중에서/

분모는 24이고, 분자는 3의 배수인 분수를 구하세요.
└• 구하려는 것

해결 전략

구하려는 분수의 분모가 24이니까

❶ $\dfrac{1}{4}$과 $\dfrac{1}{2}$을 분모가 □인 분수로 통분한다.

주어진 조건을 모두 만족해야 하니까

❷ 위 ❶에서 구한 두 분수 사이의 분수 중에서 분자가 □의 배수인 분수를 찾는다.

문제 풀기

❶ $\dfrac{1}{4}$과 $\dfrac{1}{2}$을 분모가 24인 분수로 통분하기

$$\left(\dfrac{1}{4},\ \dfrac{1}{2} \right) \rightarrow \left(\dfrac{\boxed{}}{24},\ \dfrac{\boxed{}}{24} \right)$$

❷ $\dfrac{\boxed{}}{24}$보다 크고 $\dfrac{\boxed{}}{24}$보다 작은 분수 중에서

분자가 3의 배수인 분수는 $\dfrac{\boxed{}}{24}$이다.

답 _____

문해력 레벨업

구하려는 분수의 분모를 공통분모로 하여 주어진 두 분수를 통분하자.

㉠ $\dfrac{1}{5}$보다 크고 $\dfrac{1}{3}$보다 작은 분수 중에서 분모가 15인 분수

$\dfrac{3}{15}$보다 크고 $\dfrac{5}{15}$보다 작은 분수 $\rightarrow$ $\dfrac{4}{15}$

쌍둥이 문제

4-1 $\dfrac{3}{8}$보다 크고 $\dfrac{7}{10}$보다 작은 분수 중에서/ 분모는 40이고, 분자는 5의 배수인 분수를 모두 구하세요.

따라 풀기 ❶

❷

답 _____

문해력 레벨 1

4-2 $\dfrac{1}{3}$보다 크고 $\dfrac{7}{15}$보다 작은 분수 중에서/ 분모가 45인 기약분수를 모두 구하세요.

스스로 풀기 ❶

❷

답 _____

문해력 레벨 2

4-3 상현이가 가지고 있는※초경량 노트북의 무게는/ $\dfrac{7}{10}$ kg과 $\dfrac{13}{14}$ kg 사이이고, 분모가 70인 기약분수이며/ 가장 큰 수입니다./ 이 노트북의 무게는 몇 kg인가요?

출처: ©kamkrit Noenpoempisut/ Shutterstock

스스로 풀기 ❶ $\dfrac{7}{10}$과 $\dfrac{13}{14}$을 분모가 70인 분수로 통분하기

문해력 백과 📖

초경량 노트북: 가지고 다니기 편리하도록 얇고 가볍게 만든 노트북

❷ 위 ❶에서 구한 두 분수 사이에 있는 기약분수를 모두 구하기

❸ 노트북의 무게 구하기

답 _____

일 수학 문해력 기르기

문해력 문제 5

길이가 $\dfrac{13}{16}$ m인 색 테이프 2장을/

$\dfrac{1}{5}$ m만큼 겹치게 한 줄로 이어 붙였습니다./

이은 색 테이프 전체의 길이는 몇 m인가요?
└ 구하려는 것

해결 전략

┌ 문제에 주어진 길이를 그림으로 나타내면 ┐

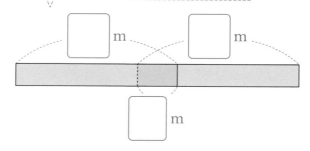

┌ 이은 색 테이프 전체의 길이를 구하려면 ┐

❶ 색 테이프 2장의 길이의 합을 구하고

┌ +, −, ×, ÷ 중 알맞은 것 쓰기

❷ (위 ❶에서 구한 길이) ◯ (겹쳐진 부분의 길이)를 구한다.

문제 풀기

❶ (색 테이프 2장의 길이의 합) $= \dfrac{13}{16} + \dfrac{13}{16} = \dfrac{\boxed{}\,\boxed{}}{8}$ (m)

❷ (이은 색 테이프 전체의 길이) $= \boxed{} - \boxed{} = \boxed{}$ (m)

답 _____

문해력 레벨업

겹쳐서 이은 색 테이프 전체의 길이를 구하자.

예

| 색 테이프 **2장**의 길이의 합 | − | 겹쳐진 부분 **1개**의 길이 | = | 전체의 길이 |

쌍둥이 문제

5-1 길이가 $1\dfrac{5}{12}$ m인 색 테이프 2장을/ $\dfrac{1}{8}$ m만큼 겹치게 한 줄로 이어 붙였습니다./ 이은 색 테이프 전체의 길이는 몇 m인가요?

따라 풀기 ❶

❷

답 _____

문해력 레벨 1

5-2 길이가 각각 $1\dfrac{1}{3}$ m, $2\dfrac{3}{4}$ m, $2\dfrac{5}{6}$ m인 색 테이프 3장을/ $\dfrac{3}{10}$ m씩 겹치게 한 줄로 이어 붙였습니다./ 이은 색 테이프 전체의 길이는 몇 m인가요?

스스로 풀기 ❶ 색 테이프 3장의 길이의 합 구하기

❷ 겹쳐진 부분의 길이의 합 구하기

❸ 이은 색 테이프 전체의 길이 구하기

답 _____

문해력 레벨 2

5-3 대평포구[※]에서 화순금모래해수욕장까지 전체 거리가 $11\dfrac{4}{5}$ km입니다./ 대평포구에서 창고천 다리까지의 거리는 $9\dfrac{1}{2}$ km,/ 안덕계곡에서 화순금모래해수욕장까지의 거리는 $4\dfrac{7}{10}$ km입니다./ 안덕계곡과 창고천다리 사이의 거리는 몇 km인가요?

그림 그리기

대평포구   군산오름 정상부   안덕계곡   창고천다리   화순금모래 해수욕장

스스로 풀기 ❶ (대평포구~창고천다리의 거리)＋(안덕계곡~화순금모래해수욕장의 거리)

문해력 어휘 📖

포구: 강이나 바다에 배가 드나드는 곳

❷ (위 ❶에서 구한 거리의 합)－(전체 거리)＝(안덕계곡~창고천다리의 거리)

답 _____

수학 문해력 기르기

문해력 문제 6

유빈이는 *무선 조종 자동차를 일직선으로 움직여 보았습니다./

목표한 거리의 반만큼인 $4\frac{2}{9}$ m를 간 지점에서 잠시 멈췄다가/

다시 출발하여 목표한 지점에 도착하였고,/ $3\frac{11}{12}$ m를 되돌아왔습니다./

무선 조종 자동차가 출발한 곳과 지금 있는 곳 사이의 거리는 몇 m인가요?/
└ 구하려는 것
(단, 무선 조종 자동차의 크기는 생각하지 않습니다.)

해결 전략

[문제에 주어진 길이를 그림으로 나타내면]

📖 문해력 백과
무선 조종 자동차: 무선으로 조작이 가능한 모형 자동차

$4\frac{2}{9}$ m ⌐ □ m

출발 지점   무선 조종   □ m   목표 지점
                  자동차의 위치

[목표한 지점까지의 거리를 구하려면]

❶ 반만큼의 거리를 □ 번 더하고

[무선 조종 자동차가 출발한 곳과 지금 있는 곳 사이의 거리를 구하려면]
┌ +, −, ×, ÷ 중 알맞은 것 쓰기
❷ (위 ❶에서 구한 거리) ◯ (되돌아온 거리)를 구한다.

문제 풀기

❶ (목표한 지점까지의 거리)$=4\frac{2}{9}+$ □ $=$ □ (m)

❷ (무선 조종 자동차가 출발한 곳과 지금 있는 곳 사이의 거리)

$=$ □ $-$ □ $=$ □ (m)

답 _____

문해력 레벨업

반만큼을 두 번 더하면 전체가 된다.

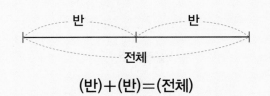

(반)+(반)=(전체)

(모래의 반)+(모래의 반)=(전체 모래)

6-1 윤지와 하린이는 레몬즙과 탄산수를 섞어 각각 같은 양의 레모네이드를 만들었습니다./ 각자 만든 레모네이드에서/ 윤지는 반을 다른 병에 옮겨 담았더니 $1\dfrac{1}{3}$ L가 남았고,/ 하린이는 $\dfrac{5}{12}$ L를 마셨습니다./ 하린이에게 남은 레모네이드는 몇 L인가요?

따라 풀기 ❶

❷

답 _____

6-2 모래가 가득 들어 있는 상자의 무게를 재었더니 $5\dfrac{1}{7}$ kg이었습니다./ 들어 있는 모래의 반만 큼을 덜어 낸 후/ 상자의 무게를 재었더니 $3\dfrac{2}{9}$ kg이었습니다./ 덜어 내기 전 상자 안에 들어 있던 모래 전체의 무게는 몇 kg인가요?

스스로 풀기 ❶ 모래의 반만큼의 무게 구하기

❷ 모래 전체의 무게 구하기

답 _____

6-3 물이 가득 들어 있는 통의 무게를 재었더니 $6\dfrac{5}{6}$ kg이었습니다./ 들어 있는 물의 반만큼을 사용한 후/ 통의 무게를 재었더니 $4\dfrac{1}{10}$ kg이었습니다./ 빈 통의 무게는 몇 kg인가요?

스스로 풀기 ❶ 물의 반만큼의 무게 구하기

❷ 빈 통의 무게 구하기

답 _____

수학 문해력 기르기

문해력 문제 7

어떤 일을 마칠 때까지 동현이가 혼자서 하면 10일이 걸리고,/
하진이가 혼자서 하면 15일이 걸립니다./
이 일을 두 사람이 함께 한다면/ 일을 모두 마치는 데 며칠이 걸리나요?/ ┌•구하려는 것
(단, 두 사람이 각자 하루에 하는 일의 양은 일정합니다.)

해결 전략

┌ 각자 하루에 하는 일의 양을 구하려면 ┐

❶ 각자의 $\dfrac{1}{(혼자서\ 하는\ 데\ 걸리는\ 날수)}$ 을 구한다.

┌ 두 사람이 함께 하루에 하는 일의 양을 구하려면 ┐

❷ 위 ❶에서 구한 두 분수를 더한다.

┌ 두 사람이 함께 전체 일을 하는 데 걸리는 날수를 구하려면 ┐

❸ 위 ❷에서 구한 값을 몇 번 더해야 1이 되는지 구한다.

- -

문제 풀기

❶ 하루에 하는 일의 양은 동현이는 전체의 □, 하진이는 전체의 □이다.

❷ 두 사람이 함께 하루에 하는 일의 양은 전체의 $\dfrac{1}{10} + \boxed{} = \boxed{}$ 이다.

❸ 두 사람이 함께 일을 모두 마치는 데 □일이 걸린다.

답 _____

문해력 레벨업

전체 일의 양을 1이라 하여 하루에 하는 일의 양을 분수로 나타내자.

예 하루에 하는 일의 양이 일정하고 일을 모두 마치는 데 5일이 걸릴 때 하루에 하는 일의 양 구하기

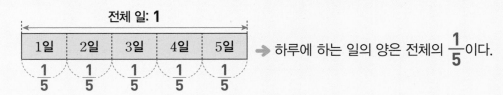

→ 하루에 하는 일의 양은 전체의 $\dfrac{1}{5}$ 이다.

7-1 어떤 일을 마칠 때까지 서영이가 혼자서 하면 12일이 걸리고,/ 소민이가 혼자서 하면 6일이 걸립니다./ 이 일을 두 사람이 함께 한다면/ 일을 모두 마치는 데 며칠이 걸리나요?/ (단, 두 사람이 각자 하루에 하는 일의 양은 일정합니다.)

따라 풀기 ❶

❷

❸

답 _____

문해력 레벨 1

7-2 ※인스턴트 음료를 만드는 기계가 있습니다./ 오늘 들어온 주문량은 ㉠ 기계만 사용하면 10일이 걸리고,/ ㉡ 기계만 사용하면 15일이 걸립니다./ 두 기계를 함께 사용한다면/ 오늘 들어온 주문량을 모두 만드는 데 며칠이 걸리나요?/ (단, 두 기계가 각각 하루에 하는 일의 양은 일정합니다.)

스스로 풀기 ❶

❷

문해력 백과 📖
인스턴트: 즉석에서 간편하게 먹을 수 있는 식품

❸

답 _____

문해력 레벨 2

7-3 어떤 일을 마칠 때까지 지수가 혼자서 하면 12일이 걸리고,/ 경서가 혼자서 하면 24일이 걸리고,/ 지아가 혼자서 하면 8일이 걸립니다./ 이 일을 세 사람이 함께 한다면/ 일을 모두 마치는 데 며칠이 걸리나요?/ (단, 세 사람이 각자 하루에 하는 일의 양은 일정합니다.)

스스로 풀기 ❶ 세 사람이 각자 하루에 하는 일의 양 구하기

❷ 세 사람이 함께 하루에 하는 일의 양 구하기

❸ 세 사람이 함께 일을 모두 마치는 데 걸리는 날수 구하기

답 _____

수학 문해력 기르기

문해력 문제 8

지아는 ※가상현실(VR) 체험관에 갔습니다. /

오전 10시부터 우주 공간 체험을 $\frac{1}{5}$ 시간, /

공룡 시대 체험을 $\frac{3}{10}$ 시간 동안 하였습니다. /

두 체험을 마친 시각은 오전 몇 시 몇 분인가요?

└ 구하려는 것

해결 전략

> 두 가지 체험을 하는 데 걸린 시간을 구하려면

❶ (우주 공간 체험 시간)＋(공룡 시대 체험 시간)을 구한다.

📖 문해력 백과

가상현실(VR): 컴퓨터로 만들어 놓은 가상의 세계에서 실제와 같은 체험을 할 수 있도록 하는 기술

> 분수로 나타낸 시간이니까

❷ 위 ❶에서 구한 시간을 몇 분으로 바꾸어 나타낸다.

> 두 체험을 마친 시각을 구해야 하니까

┌ ＋, －, ×, ÷ 중 알맞은 것 쓰기
❸ (체험을 시작한 시각) ◯ (위 ❷에서 구한 시간)을 구한다.

문제 풀기

❶ (우주 공간 체험 시간)＋(공룡 시대 체험 시간)＝$\frac{1}{5}$＋$\frac{3}{10}$＝$\frac{\boxed{}}{2}$(시간)

❷ 1시간은 60분이므로 $\boxed{}$ 시간＝$\boxed{}$ 분이다.

❸ (두 체험을 마친 시각)＝오전 10시＋$\boxed{}$ 분＝오전 $\boxed{}$ 시 $\boxed{}$ 분

답 _____

문해력 레벨업

1시간은 60분임을 이용하여 $\frac{\blacktriangle}{\blacksquare}$ 시간을 ●분으로 나타내자.

1시간＝**60분**

$\frac{1}{2}$ 시간＝**30분**

$\frac{1}{3}$ 시간＝**20분**

$\frac{1}{4}$ 시간＝**15분**

8-1 은지는 오후 4시부터 미술 숙제를 하고 있습니다./ 스케치를 $\dfrac{7}{12}$시간 동안 한 뒤/ 바로 색칠을

$\dfrac{3}{4}$시간 동안 해서 미술 숙제를 마쳤다면/ 이때의 시각은 오후 몇 시 몇 분인가요?

따라 풀기 ❶

❷

❸

답 _____

문해력 레벨 1

8-2 주하는 수영장에 갔습니다./ 오후 3시부터 $\dfrac{2}{3}$시간 동안 수영을 하고/ $\dfrac{1}{4}$시간 동안 쉰 후/ 마지막

으로 $\dfrac{2}{5}$시간 동안 수영을 하고 끝냈습니다./ 주하가 수영을 끝낸 시각은 오후 몇 시 몇 분인가요?

스스로 풀기 ❶

❷

❸

답 _____

문해력 레벨 2

8-3 민율이네 학교는 오전 9시 30분에 1교시 수업을 시작하고,/ 각 교시의 수업 시간은 $\dfrac{3}{4}$시간씩,/

쉬는 시간은 $\dfrac{1}{6}$시간씩입니다./ 3교시가 시작하는 시각은 오전 몇 시 몇 분인가요?

스스로 풀기 ❶ 1교시가 시작하고 3교시가 시작할 때까지 걸리는 시간의 합 구하기

❷ 위 ❶에서 구한 시간을 몇 시간 몇 분으로 나타내기

❸ 3교시가 시작하는 시각 구하기

답 _____

4일

5일 수학 문해력 완성하기

기출 1 민경이는 가지고 있는 철사로/ 별 모양을 만드는 데 전체의 $\frac{1}{5}$을 사용하고,/ 꽃 모양을 만드는 데 전체의 $\frac{3}{10}$을 사용하였더니/ 60 cm가 남았습니다./ 민경이가 처음에 가지고 있던 철사는 몇 cm인가요?

해결 전략

예 남은 길이 10 cm가 전체의 $\frac{1}{3}$일 때 전체의 길이 구하기

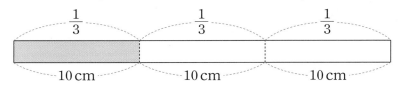

전체의 $\frac{1}{3}$이 3개이면 전체가 되므로 전체 길이는 $10 \times 3 = 30$ (cm)이다.

※17년 상반기 18번 기출유형

문제 풀기

❶ 사용한 철사는 전체의 몇 분의 몇인지 구하기

_____

❷ 사용하고 남은 철사는 전체의 몇 분의 몇인지 구하기

_____

❸ 처음에 가지고 있던 철사의 길이 구하기

남은 철사 60 cm가 전체의 [ ]이므로 처음에 가지고 있던 철사는 $60 \times$ [ ] $=$ [ ] (cm)이다.

_____

답 _____

🔖 복습책 29~30쪽에 유사, 심화문제 제공

관련 단원 약분과 통분

기출 2 다음 조건을 모두 만족하는 분수를 구하세요.

> • 기약분수가 아닌 진분수입니다.
> • 분모와 분자의 차는 16입니다.
> • 기약분수로 나타내면 분모와 분자의 합이 12입니다.

해결 전략

| 분모와 분자의 합이 12가 되는 진분수 중에서 기약분수 구하기 | → | 구한 기약분수와 크기가 같은 분수 중 분모와 분자의 차가 16이 될 수 있는 분수 찾기 |

※17년 상반기 23번 기출유형

문제 풀기

❶ 분모와 분자의 합이 12인 진분수를 모두 쓰고, 그중 기약분수에 ○표 하기

$$\frac{\Box}{11} , \frac{\Box}{10} , \frac{\Box}{9} , \frac{\Box}{8} , \frac{\Box}{7}$$

❷ 위 ❶에서 ○표 한 분수와 크기가 같은 분수 중 분모와 분자의 차가 16인 분수 만들기

$$\frac{\Box}{11} = \frac{\Box}{22} = \frac{\Box}{33} = \cdots$$

→ 알맞은 것에 ○표 하기

→ $\dfrac{\Box}{11}$ 은/는 분모와 분자의 차가 16인 분수를 만들 수 (없다 , 있다).

$$\frac{\Box}{7} = \frac{\Box}{14} = \frac{\Box}{21} = \cdots = \frac{\Box}{49} = \frac{\Box}{56} = \cdots$$

→ 분모와 분자의 차가 16인 분수는 $\dfrac{\Box}{56}$ 이다.

❸ 조건을 모두 만족하는 분수는 $\Box$ 이다.

답 _____

수학 문해력 완성하기

창의 3

다음은 분수 자를 만드는 방법입니다./

① 분모를 정하고, 그 분모를 나타내는 점과 분수 자의 0인 점을 연결합니다.

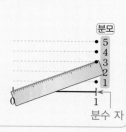

② ①에서 그은 선분과 점선이 만나는 점을 모두 표시합니다.

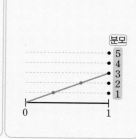

③ ②에서 표시한 점을 지나고 분수 자와 직각을 이루는 직선을 그어 분수를 표시합니다.

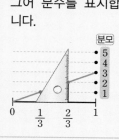

④ 분수 자를 만들었어.

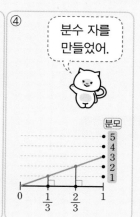

위와 같은 방법으로/ $\frac{3}{5}$과 $\frac{1}{3}$을 분수 자에 나타내고,/ 두 수 중 더 큰 수를 쓰세요.

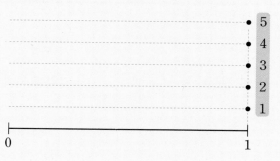

해결 전략

위의 주어진 방법대로 $\frac{3}{5}$과 $\frac{1}{3}$을 나타내고 분수 자에서 1에 가까울수록 더 큰 수임을 알고 더 큰 수를 찾는다.

문제 풀기

❶ $\frac{3}{5}$과 $\frac{1}{3}$을 분수 자에 나타내고, 분수 표시하기

❷ $\frac{3}{5}$과 $\frac{1}{3}$의 크기 비교하기

분수 자에서 1에 가까울수록 더 (작은 , 큰) 수이므로 더 큰 수는 ($\frac{3}{5}$, $\frac{1}{3}$)이다.

답 _____

관련 단원 **분수의 덧셈과 뺄셈**

융합 4 이탈리아의 수학자 피보나치는/ 단위분수를 다음과 같이 분모가 서로 다른 단위분수 2개의 합으로 나타낼 수 있음을 알아냈습니다./ 피보나치가 알아낸 방법을 이용하여/ $\frac{1}{5}$을 서로 다른 단위분수 3개의 합으로 나타내 보세요.

$$\cdot\ \frac{1}{2} = \frac{1}{3} + \frac{1}{2 \times 3} = \frac{1}{3} + \frac{1}{6}$$

$$\cdot\ \frac{1}{3} = \frac{1}{4} + \frac{1}{3 \times 4} = \frac{1}{4} + \frac{1}{12}$$

$$\cdot\ \frac{1}{4} = \frac{1}{5} + \frac{1}{4 \times 5} = \frac{1}{5} + \frac{1}{20}$$

해결 전략

서로 다른 단위분수 2개의 합으로 나타낸 후 그 분수 중 하나를 다시 서로 다른 단위분수 2개의 합으로 나타내자.

문제 풀기

❶ 다음을 보고 단위분수를 서로 다른 단위분수 2개의 합으로 나타내는 규칙 찾기

$$\frac{1}{2} = \frac{1}{3} + \frac{1}{2 \times 3} = \frac{1}{3} + \frac{1}{6}$$

그대로

2보다 □ 만큼 더 큰 수

❷ 위 ❶의 규칙에 따라 $\frac{1}{5}$을 서로 다른 2개의 단위분수의 합으로 나타내기

_____

❸ 위 **해결 전략** 의 방법을 이용하여 $\frac{1}{5}$을 서로 다른 3개의 단위분수의 합으로 나타내기

_____

답 $\frac{1}{5} =$ _____

문제를 읽고 조건을 표시하면서 풀어 봅니다.

70쪽 문해력 1

1 지율이가 9월 한 달 동안※드론 학원을 간 날수는 8일입니다. 지율이가 드론 학원을 가지 않은 날수는 9월 전체 날수의 몇 분의 몇인지 기약분수로 나타내 보세요.

풀이

답 _____

74쪽 문해력 3

2 ※태양계의 행성 중에서 지구의 크기를 1로 생각했을 때 수성의 크기는 0.4, 화성의 크기는 $\frac{1}{2}$입니다.

수성과 화성 중에서 크기가 더 큰 행성은 어느 것인가요?

풀이

답 _____

70쪽 문해력 1

3 초콜릿 쿠키는 39개, 아몬드 쿠키는 45개, 녹차 쿠키는 20개 있습니다. 초콜릿 쿠키 수는 전체 쿠키 수의 몇 분의 몇인지 기약분수로 나타내 보세요.

풀이

답 _____

문해력 백과

드론: 사람이 타지 않고 무선으로 조종할 수 있는 비행기
태양계: 태양과 태양의 영향이 미치는 공간과 그 안에 있는 천체를 통틀어 이르는 말

74쪽 문해력 3

4 지민, 연아, 민우가 제자리멀리뛰기를 하였습니다. 세 사람의 기록이 각각 지민이는 $1\frac{5}{8}$ m, 연아는 1.6 m, 민우는 $1\frac{7}{12}$ m일 때 가장 멀리 뛴 사람은 누구인가요?

풀이

답 _____

72쪽 문해력 2

5 어떤 분수를 기약분수로 나타내면 $\frac{3}{10}$입니다. 이 분수의 분모와 분자의 합이 65일 때 어떤 분수를 구하세요.

풀이

답 _____

76쪽 문해력 4

6 $\frac{5}{12}$보다 크고 $\frac{11}{16}$보다 작은 분수 중에서 분모는 48이고, 분자는 7의 배수인 분수를 모두 구하세요.

풀이

답 _____

수학 문해력 평가하기

78쪽 문해력 5

7 길이가 각각 $2\frac{2}{9}$ m, $3\frac{1}{4}$ m인 색 테이프 2장을 $\frac{7}{12}$ m만큼 겹치게 한 줄로 이어 붙였습니다. 이은 색 테이프 전체의 길이는 몇 m인가요?

풀이

답 _____

80쪽 문해력 6

8 예린이는 킥보드를 타고 집에서 학교까지 갔다가 다시 되돌아오는 길에 문구점에 들렀습니다. 집에서 학교까지의 거리의 반만큼은 $2\frac{3}{8}$ km이고, 학교에서 문구점까지의 거리는 $\frac{5}{12}$ km입니다. 예린이가 집에서 출발하여 문구점까지 이동한 거리는 모두 몇 km인가요?

풀이

답 _____

82쪽 문해력 7

9 어떤 일을 마칠 때까지 서윤이가 혼자서 하면 9일이 걸리고, 나은이가 혼자서 하면 18일이 걸리고, 태준이가 혼자서 하면 6일이 걸립니다. 이 일을 세 사람이 함께 한다면 일을 모두 마치는 데 며칠이 걸리나요? (단, 세 사람이 각자 하루에 하는 일의 양은 일정합니다.)

풀이

답 _____

84쪽 문해력 8

10 혜정이는 체험 학습을 하러 갔습니다. 오후 1시에 시작하여 농장 구경을 $\frac{3}{5}$시간, 옥수수 따기를 $\frac{7}{10}$시간 한 뒤 끝났습니다. 체험 학습이 끝난 시각은 오후 몇 시 몇 분인가요?

풀이

답 _____

4주

다각형의 둘레와 넓이
규칙과 대응

우리가 배운 다각형을 떠올려 보고 다각형의 둘레와 넓이를 구하는 방법을
이용하여 문제를 해결해 봐요.
서로 일정하게 변하는 두 양을 찾고, 표를 이용하여 두 양 사이의 관계를
찾아서 문제를 해결해 봐요.

이번 주에 나오는 어휘 & 지식백과 🔍

99쪽 `태양열 집열판`
태양에서 나오는 열을 모아 전기로 바꾸는 장치

101쪽 `구절판` (九 아홉 구, 折 꺾을 절, 坂 언덕 판)
가운데 그릇 주위를 8칸으로 나누어 전체 9칸으로 나뉜 그릇

102쪽 `태블릿 컴퓨터` (tablet computer)
손가락이나 터치 펜으로 쉽게 조작할 수 있는 휴대용 컴퓨터

103쪽 `텃밭`
집 가까이 있거나 집터에 붙어 있는 밭

106쪽 `평면도` (平 평평할 평, 面 낯 면, 圖 그림 도)
입체를 위에서 내려다 본 그림

113쪽 `조정 경기` (漕 배로 실어나를 조, 艇 배 정 + 경기)
노를 저어 배가 나아가게 하여 속도를 겨루는 경기

115쪽 `달러` (dollar)
미국에서 사용되는 돈의 단위로 캐나다, 홍콩, 싱가포르 등의 돈의 단위도 달러이지만 흔히 달러라고 하면 미국의 달러를 말한다.

문해력 기초 다지기

◑ 기초 문제가 어떻게 문장제가 되는지 알아봅니다.

1 정삼각형의 둘레 구하기

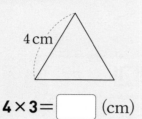

4 cm

$4 \times 3 = \boxed{}$ (cm)

≫ 한 변의 길이가 **4 cm**인 **정삼각형의 둘레는 몇 cm**인가요?

식 $4 \times 3 = \boxed{}$

꼭! 단위까지 따라 쓰세요.

답   cm

2 정오각형의 둘레 구하기

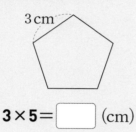

3 cm

$3 \times 5 = \boxed{}$ (cm)

≫ 한 변의 길이가 **3 cm**인 **정오각형의 둘레는 몇 cm**인가요?

식

답   cm

3 $20 \text{ m}^2 = \boxed{} \text{ cm}^2$

≫ 진욱이 방의 넓이는 **20 m²**입니다.
진욱이 방의 넓이는 몇 **cm²**인가요?

답   cm²

4 $7 \text{ km}^2 = \boxed{} \text{ m}^2$

≫ 햇살 공원의 넓이는 **7 km²**입니다.
햇살 공원의 넓이는 몇 **m²**인가요?

답   m²

5 평행사변형의 넓이 구하기 ▶▶

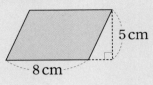

$8 \times 5 = \boxed{}$ (cm^2)

보도블록은 밑변의 길이가 **8 cm**, 높이가 **5 cm**인 평행사변형 모양입니다.
보도블록의 **넓이**는 몇 **cm²**인가요?

식 _____ $8 \times 5 = \boxed{}$ _____

꼭! 단위까지 따라 쓰세요.

답 _____ cm^2

6 직사각형의 넓이 구하기 ▶▶

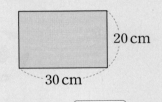

$30 \times 20 = \boxed{}$ (cm^2)

쟁반은 가로가 **30 cm**, 세로가 **20 cm**인 직사각형 모양입니다.
쟁반의 **넓이**는 몇 **cm²**인가요?

식 _____

답 _____ cm^2

7 삼각형의 넓이 구하기 ▶▶

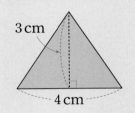

$4 \times 3 \div 2 = \boxed{}$ (cm^2)

쿠키는 밑변의 길이가 **4 cm**, 높이가 **3 cm**인 삼각형 모양입니다.
쿠키의 **넓이**는 몇 **cm²**인가요?

식 _____

답 _____ cm^2

문해력 기초 다지기

○ 간단한 문장제를 풀어 봅니다.

1 농구장은 가로가 **28 m**, 세로가 **15 m**인 직사각형 모양입니다.
농구장의 **둘레**는 몇 **m**인가요?

식 _____   답 _____

2 축구공에 있는 정육각형 모양의 한 변의 길이를 재어 보았더니 **4 cm**였습니다.
정육각형 모양의 **둘레**는 몇 **cm**인가요?

식 _____   답 _____

3 철사로 한 변의 길이가 **9 cm**인 마름모를 만들었습니다.
마름모의 **둘레**는 몇 **cm**인가요?

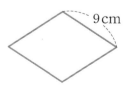
9 cm

식 _____   답 _____

4 수빈이네 집에 설치한※태양열 집열판은 가로가 **100 cm**, 세로가 **120 cm**인 직사각형 모양입니다.
태양열 집열판의 **넓이는 몇 cm²**인가요?

식 _____ 답 _____

> 📖 문해력 백과
>
> 태양열 집열판:
> 태양에서 나오는
> 열을 모아 전기로
> 바꾸는 장치

5 지우의 방에 있는 액자는 한 변의 길이가 **15 cm**인 정사각형 모양입니다.
지우의 방에 있는 액자의 **넓이는 몇 cm²**인가요?

식 _____ 답 _____

6 은아네 동네에 있는 놀이터 땅은 윗변의 길이가 **20 m**, 아랫변의 길이가 **30 m**인 사다리꼴 모양입니다.
두 밑변 사이의 거리가 **15 m**라면 놀이터 땅의 **넓이는 몇 m²**인가요?

식 _____ 답 _____

7 미주네 집에 있는 식탁보는 한 대각선의 길이가 **50 cm**, 다른 대각선의 길이가 **40 cm**인 마름모 모양입니다.
미주네 집에 있는 식탁보의 **넓이는 몇 cm²**인가요?

식 _____ 답 _____

1일 수학 문해력 기르기

관련 단원 다각형의 둘레와 넓이

문해력 문제 1

한 변의 길이가 6 cm인 정오각형이 있습니다./
이 정오각형과 둘레가 같은/ 정삼각형의 한 변의 길이는 몇 cm인가요?
└ 구하려는 것

해결 전략

문제에 주어진 조건을 그림으로 나타내면

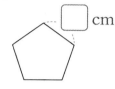 □ cm
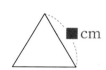 ■ cm

정오각형의 둘레 ◯ 정삼각형의 둘레
└ >, =, < 중 알맞은 것 쓰기

정오각형의 둘레를 구하려면

❶ (정오각형의 둘레)=(한 변의 길이)× □ 을/를 구하고

> **문해력 핵심**
> (정다각형의 둘레)
> =(한 변의 길이)×(변의 수)

정오각형과 정삼각형이 둘레가 같음을 이용하여

❷ (정삼각형의 한 변의 길이)=(정삼각형의 둘레)÷ □ 을/를 구한다.
└ 정오각형의 둘레

- -

문제 풀기

❶ (정오각형의 둘레)=6× □ = □ (cm)

❷ (정삼각형의 한 변의 길이)= □ ÷3= □ (cm)

답 _____

문해력 레벨업

정다각형의 둘레를 변의 수로 나누어 한 변의 길이를 구하자.

예 정삼각형의 한 변의 길이 구하기

 정삼각형은 길이가 같은 변이 **3**개 → (한 변의 길이)=(둘레)÷**3**

• 정답과 해설 **20쪽**

🎓 복습책 31쪽에 유사, 심화문제 제공

쌍둥이 문제

1-1 한 변의 길이가 9 cm인 정사각형이 있습니다./ 이 정사각형과 둘레가 같은/ 정육각형의 한 변의 길이는 몇 cm인가요?

따라 풀기 ❶

❷

답 _____

문해력 레벨 1

1-2 유정이는 철사 70 cm를 겹치지 않게 모두 사용하여/ 크기가 같은 정오각형 2개를 만들었습니다./ 정오각형의 한 변의 길이는 몇 cm인가요?

스스로 풀기 ❶ 정오각형 한 개의 둘레 구하기

❷ 정오각형의 한 변의 길이 구하기

답 _____

문해력 레벨 2

1-3 정팔각형 모양의※구절판과 둘레가 같은/ 정사각형 모양의 접시가 있습니다./ 이 접시의 넓이는 몇 cm²인가요?

9 cm

스스로 풀기 ❶ 구절판의 둘레 구하기

문해력 백과 📖
구절판: 가운데 그릇 주위를 8칸으로 나누어 전체 9칸으로 나뉜 그릇

❷ 접시의 한 변의 길이 구하기

❸ 접시의 넓이 구하기

답 _____

수학 문해력 기르기

관련 단원 다각형의 둘레와 넓이

문해력 문제 2

윤서가 가지고 있는[※]태블릿 컴퓨터의 화면은/
둘레가 68 cm인 직사각형 모양입니다./
화면의 가로가 세로보다 6 cm 더 짧다면/
세로는 몇 cm인가요?
└─ 구하려는 것

해결 전략

가로가 세로보다 6 cm 더 짧으니까

❶ (가로)＝(세로)－☐ (으)로 나타내고

가로와 세로의 길이의 합은 둘레의 반이니까

❷ (가로)＋(세로)＝(둘레)÷2로 구한다.

❸ 위 ❶과 ❷를 이용하여 세로의 길이를 구한다.

> **문해력 백과**
>
> 태블릿 컴퓨터: 손가락이나 터치 펜으로 쉽게 조작할 수 있는 휴대용 컴퓨터

문제 풀기

❶ 세로를 ■ cm라고 하면 가로는 (■－☐) cm이다.

> **문해력 핵심**
>
> 구하려는 세로를 ■ cm로 하는 것이 계산이 간편하다.

❷ (가로와 세로의 길이의 합)＝68÷2＝☐ (cm)

❸ 세로의 길이 구하기

■－☐＋■＝☐
└─ 가로　└─ 세로

➡ ■＋■＝☐, ■＝☐ 이므로 세로는 ☐ cm이다.

답 _____

문해력 레벨업

직사각형에서 가로와 세로의 길이의 합은 둘레의 반이다.

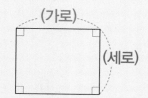

((가로)＋(세로))×2＝(직사각형의 둘레)

↓

(가로)＋(세로)＝(직사각형의 둘레)÷2

쌍둥이 문제

2-1 유빈이네 마을에는 둘레가 74 m인 직사각형 모양의[※]텃밭이 있습니다./ 텃밭의 가로가 세로보다 13 m 더 길다면/ 세로는 몇 m인가요?

따라 풀기 ❶

❷

문해력 어휘 📖

텃밭: 집 가까이 있거나
집터에 붙어 있는 밭

❸

답 _____

문해력 레벨 1

2-2 둘레가 96 cm인 직사각형이 있습니다./ 이 직사각형의 세로가 가로의 2배일 때/ 가로와 세로는 각각 몇 cm인가요?

스스로 풀기 ❶

문해력 핵심 🎓

세로는 가로의 2배
➡ 기준이 되는 가로를
□ cm로 하는 것이
계산이 간편하다.

❷

❸

답 가로: _____ , 세로: _____

문해력 레벨 2

2-3 둘레가 46 cm이고,/ 가로가 세로보다 9 cm 더 긴 직사각형 모양의 종이가 있습니다./ 이 종이를 그림과 같이 반으로 잘라/ 크기가 같은 직사각형 2개를 만들었을 때/ 잘린 직사각형 한 개의 넓이는 몇 cm²인가요?

스스로 풀기 ❶ 처음 종이의 세로를 □ cm라고 할 때 가로를 □로 나타내기

❷ 처음 종이의 가로와 세로의 길이의 합 구하기

❸ 처음 종이의 가로와 세로의 길이 각각 구하기

❹ 잘린 직사각형 한 개의 넓이 구하기

답 _____

일 수학 문해력 기르기

문해력 문제 3

연아는 한 개의 둘레가 8 cm인 정사각형 모양 조각 여러 개를 가지고 있습니다./
모양 조각 5개를 겹치지 않게 이어 붙여/
다음과 같은※펜토미노 퍼즐을 만들었습니다./
만든 퍼즐의 둘레는 몇 cm인가요?
└ 구하려는 것

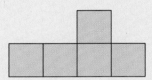

해결 전략

📖 **문해력 백과**

펜토미노: 정사각형 5개를 이어 붙여 만든 퍼즐

정사각형의 한 변의 길이를 구하려면

❶ (정사각형의 둘레)÷ ☐ 을/를 구하고

만든 퍼즐의 둘레를 구하려면
┌ +, −, ×, ÷ 중 알맞은 것 쓰기
❷ (정사각형의 한 변의 길이) ◯ (퍼즐을 둘러싸고 있는 정사각형의 변의 수)를 구한다.

문제 풀기

❶ (정사각형의 한 변의 길이)=8÷☐=☐ (cm)

❷ 퍼즐은 정사각형의 변 ☐ 개로 둘러싸여 있으므로

(만든 퍼즐의 둘레)=2×☐=☐ (cm)이다.

답 _____

문해력 레벨업

도형의 둘레를 구하려면 둘러싸고 있는 모든 변의 길이의 합을 구하자.

예 정사각형 2개를 이어 붙인 도형

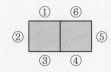

➡ 길이가 같은 변 **6**개로 둘러싸여 있다.
(도형의 둘레)=(한 변의 길이)×**6**

예 정사각형과 정삼각형을 이어 붙인 도형

➡ 길이가 같은 변 **5**개로 둘러싸여 있다.
(도형의 둘레)=(한 변의 길이)×**5**

쌍둥이 문제

3-1 한 개의 둘레가 16 cm인 정사각형 6개를/ 겹치지 않게 이어 붙여/ 오른쪽과 같은 도형을 만들었습니다./ 만든 도형의 둘레는 몇 cm인가요?

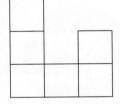

따라 풀기 ❶

❷

답 _____

문해력 레벨 1

3-2 크기가 같은 정사각형 3개와 정삼각형 1개를/ 겹치지 않게 이어 붙여/ 오른쪽과 같은 도형을 만들었습니다./ 만든 도형의 둘레는 몇 cm인가요?

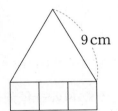

스스로 풀기 ❶ 정사각형의 한 변의 길이 구하기

> 정삼각형의 한 변의 길이와 정사각형의 변 3개의 길이가 같아.

❷ 만든 도형의 둘레 구하기

답 _____

문해력 레벨 2

3-3 크기가 같은 직사각형 4개를 겹치지 않게 이어 붙여/ 오른쪽과 같은 정사각형을 만들었습니다./ 정사각형의 둘레가 48 cm일 때/ 직사각형 한 개의 둘레는 몇 cm인가요?

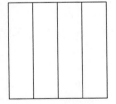

스스로 풀기 ❶ 만든 정사각형의 한 변의 길이 구하기

❷ 직사각형 한 개의 가로와 세로의 길이 각각 구하기

❸ 직사각형 한 개의 둘레 구하기

답 _____

수학 문해력 기르기

문해력 문제 4

지민이는 친구가 만든 집 모형의[※]평면도를 오른쪽과 같이 그렸습니다./
지민이가 그린 **평면도의 둘레**는 몇 cm인가요?
└ 구하려는 것

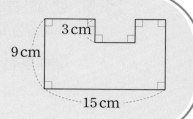

해결 전략

❶ 평면도가 직사각형이 되도록 변을 옮겨 보고,
   이때, 직사각형을 만들고 남는 변의 길이를 구한다.

📖 **문해력 어휘**

평면도: 입체를 위에서 내려다 본 그림

> 전체 둘레의 길이를 구해야 하니까

❷ (직사각형의 둘레)＋(남는 변의 길이)를 구한다.

문제 풀기

❶

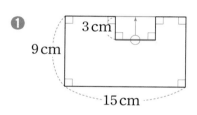

빨간색 변을 옮기면 가로가 15 cm, 세로가 ☐ cm인 직사각형이 되고,

길이가 ☐ cm인 변이 2개 남는다.

❷ (평면도의 둘레)＝(15＋☐)×2＋3＋☐＝☐(cm)
         └ 직사각형의 둘레   └ 남는 변의 길이

답 ＿＿＿＿＿＿＿＿

💡 **문해력 레벨업**

직각으로 이루어진 도형의 둘레를 구할 때에는 변을 옮겨 직사각형을 만들자.

직사각형이 되도록 변을 옮겨 주어진 도형의 둘레를 구한다.
이때, 직사각형의 둘레가 되는 변 이외에 남는 변이 있다면 남는 변의 길이도 빠짐없이 더한다.

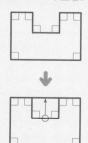

쌍둥이 문제

4-1 지율이는 오른쪽과 같이 계단 모양의 도형을 그려 보았습
니다./ 도형의 둘레는 몇 cm인가요?

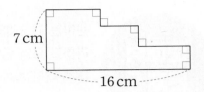

따라 풀기 **①**

②

답 _____

문해력 레벨 1

4-2 오른쪽 도형과 같은 땅이 있습니다./ 땅의 둘레는 몇 m인가요?

스스로 풀기 **①**

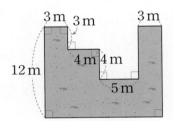

②

답 _____

문해력 레벨 2

4-3 한 변의 길이가 9 cm인 정사각형 2개를 겹쳐/ 오른쪽과 같은 도형을 만
들었습니다./ 겹쳐진 부분은 넓이가 9 cm²인 정사각형일 때/ 만들어진
도형의 둘레는 몇 cm인가요?

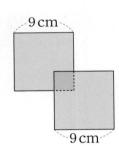

스스로 풀기 **①** 겹쳐진 부분인 정사각형의 한 변의 길이 구하기

② 도형의 변을 옮기면 어떤 도형이 되는지 알아보기

③ 만들어진 도형의 둘레 구하기

답 _____

3일 수학 문해력 기르기

관련 단원 다각형의 둘레와 넓이

문해력 문제 5

윤아는※가오리연을 만들기 위하여 마름모 모양으로 종이를 잘랐습니다./
마름모 모양 종이의 한 대각선의 길이는 48 cm이고,/ 넓이는 $0.12\ m^2$일 때/
다른 대각선의 길이는 몇 cm인가요?
└• 구하려는 것

해결 전략

문제에 주어진 조건을 그림으로 나타내면

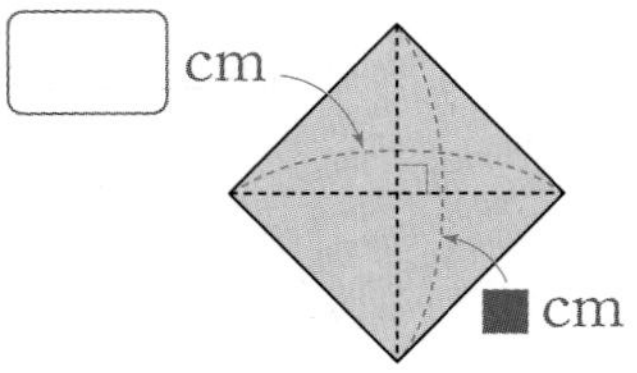

➔ 넓이: □ m^2

문해력 백과

가오리연: 가오리 모양으로 만들어 길게 꼬리를 달아 띄우는 연

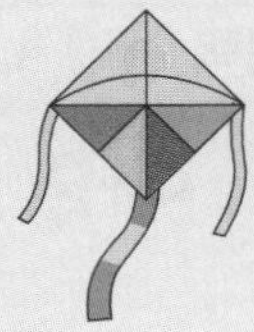

구하려는 길이의 단위가 cm이므로

❶ 넓이 $0.12\ m^2$를 cm^2 단위로 나타낸다.

다른 대각선의 길이를 구하려면

└• +, −, ×, ÷ 중 알맞은 것 쓰기

❷ (마름모의 넓이)=(한 대각선의 길이) ◯ (다른 대각선의 길이)÷□의 식을 이용하여 구한다.

문제 풀기

❶ $0.12\ m^2$= □ cm^2

❷ 마름모의 넓이를 구하는 식을 만들어 다른 대각선의 길이를 구하기

다른 대각선의 길이를 ■ cm라고 하면 넓이는 48×■÷□=□이다.

➔ 48×■=□, ■=□이므로 다른 대각선의 길이는 □ cm이다.

답 ______________

문해력 레벨업 도형의 넓이가 주어진 경우 모르는 변의 길이를 구하려면 넓이 구하는 식을 만들자.

예 한 대각선의 길이가 5 cm, 넓이가 $20\ cm^2$인 마름모의 다른 대각선의 길이 구하기

다른 대각선의 길이를 □cm라 하기 ➔ 마름모의 넓이 구하는 식 세우기 5×□÷2=20 ➔ □의 값 구하기 □=20×2÷5

쌍둥이 문제

5-1 교실에 직사각형 모양의 칠판이 있습니다./ 칠판의 가로는 $360 \, cm$이고,/ 넓이는 $4.32 \, m^2$일 때/ 칠판의 세로는 몇 cm인가요?

따라 풀기   ❶

❷

답 _____

문해력 레벨 1

5-2 한 변의 길이가 $12 \, cm$인 정사각형과 넓이가 같은/ 평행사변형을 그리려고 합니다./ 평행사변형의 높이를 $9 \, cm$로 한다면/ 평행사변형의 밑변의 길이는 몇 cm로 해야 하나요?

스스로 풀기   ❶ 정사각형의 넓이 구하기

❷ 평행사변형의 밑변의 길이 구하기

답 _____

문해력 레벨 2

5-3 사다리꼴 ㄱㄴㄹㅁ을/ 삼각형 ㄱㄴㄷ과 사다리꼴 ㄱㄷㄹㅁ으로 나누었습니다./ 삼각형 ㄱㄴㄷ의 넓이가 $36 \, cm^2$일 때/ 사다리꼴 ㄱㄷㄹㅁ의 넓이는 몇 cm^2인가요?

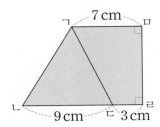

스스로 풀기   ❶ 삼각형 ㄱㄴㄷ의 높이 구하기

삼각형 ㄱㄴㄷ의 높이와 사다리꼴 ㄱㄴㄹㅁ의 높이는 같아.

❷ 사다리꼴 ㄱㄷㄹㅁ의 넓이 구하기

답 _____

3일 수학 문해력 기르기

문해력 문제 6

오른쪽은 지안이가 그린 브라질 국기입니다./
브라질 국기는 초록색 직사각형 바탕에 노란색 마름모가 있고/
그 안에 흰색 띠가 있는 파란색 원이 있습니다./
오른쪽 브라질 국기에서
초록색 부분의 넓이는 몇 cm²인가요?
└ 구하려는 것
(단, 흰색 띠 안에 있는 글자는 생각하지 않습니다.)

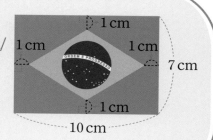

해결 전략

초록색 부분은 직사각형에서 마름모를 뺀 부분이니까

❶ (직사각형의 넓이)=(가로)×(세로)

❷ (마름모의 넓이)=(한 대각선의 길이)×(다른 대각선의 길이)÷2를 구한 다음

┌ +, −, ×, ÷ 중 알맞은 것 쓰기
❸ (초록색 부분의 넓이)=(직사각형의 넓이) ◯ (마름모의 넓이)를 구한다.

문제 풀기

❶ 직사각형은 가로가 10 cm, 세로가 ☐ cm이다.

➜ (직사각형의 넓이)=10× ☐ = ☐ (cm²)

❷ 마름모는 한 대각선의 길이가 10−1−1=8 (cm),

다른 대각선의 길이가 7−1−1= ☐ (cm)이다.

➜ (마름모의 넓이)=8× ☐ ÷ ☐ = ☐ (cm²)

❸ (초록색 부분의 넓이)= ☐ − ☐ = ☐ (cm²)

답 _____

문해력 레벨업

색칠한 부분의 넓이는 전체 넓이에서 색칠하지 않은 부분의 넓이를 빼서 구하자.

넓이를 구해야 하는 부분을 파악하고 전체 넓이에서 빼야 하는 부분의 넓이를 뺀다.

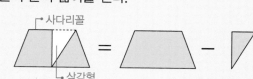

쌍둥이 문제

6-1 오른쪽과 같이 작은 마름모를 그리고/ 각각 두 대각선의 길이의 2배만큼을 대각선으로 하는 큰 마름모를 그렸습니다./ 색칠한 부분의 넓이는 몇 m²인가요?

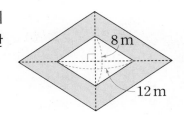

따라 풀기 ❶

❷

❸

답 _____

문해력 레벨 1

6-2 정사각형 ㄱㄴㄷㄹ과 직각삼각형 ㅁㄴㄷ을 오른쪽과 같이 겹쳐 놓았습니다./ 색칠한 부분의 넓이는 몇 cm²인가요?

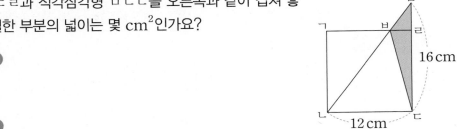

스스로 풀기 ❶

❷

❸

답 _____

문해력 레벨 2

6-3 크기가 다른 정사각형 3개를 이어 붙여/ 오른쪽과 같은 도형을 만들었습니다./ 색칠한 부분의 넓이는 몇 cm²인가요?

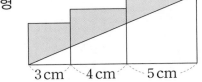

스스로 풀기 ❶ 정사각형 3개의 넓이의 합 구하기

❷ 색칠하지 않은 삼각형의 넓이 구하기

❸ 색칠한 부분의 넓이 구하기

답 _____

3일

수학 문해력 기르기

문해력 문제 7

한쪽 면에 의자를 1개씩 놓을 수 있는 책상을/
그림과 같은 방법으로 붙여 놓으면서 의자를 놓고 있습니다./
책상이 20개 있다면/ 의자는 몇 개 놓을 수 있나요?

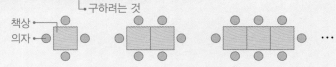

└ 구하려는 것
책상 →
의자 →

해결 전략

[먼저 대응 관계를 알아야 하니까]

❶ 책상 수와 의자 수 사이의 대응 관계를 표와 식으로 나타내 본다.

❷ 대응 관계를 이용하여 책상이 20개 있을 때 놓을 수 있는 의자 수를 구한다.

문제 풀기

❶ 책상 수와 의자 수 사이의 대응 관계 알아보기

책상 수(개)	1	2	3	4	⋯
의자 수(개)	4	6			⋯

➡ (의자 수)=(책상 수)×2+☐

❷ (책상이 20개일 때 의자 수)=☐×☐+☐=☐(개)

답 _____

문해력 레벨업

수가 늘어나는 것과 변하지 않는 것을 찾아 대응 관계를 알아보자.

예 책상 수와 의자 수 사이의 대응 관계 알아보기

책상이 1개 늘어날 때마다
의자가 2개씩 늘어난다.

책상의 양옆의 의자 2개는
변하지 않는다.

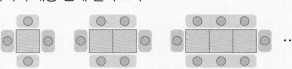

(의자 수)=**(책상 수)×2+2**

• 정답과 해설 22쪽
복습책 37쪽에 유사, 심화문제 제공

쌍둥이 문제

7-1 긴 쪽에 의자를 2개씩 놓을 수 있는 식탁을/ 그림과 같은 방법으로 붙여 놓으면서 의자를 놓고 있습니다./ 식탁이 8개 있다면 의자는 몇 개 놓을 수 있나요?

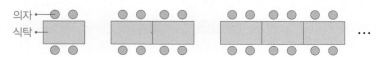

의자
식탁

따라 풀기 ❶

❷

답 _____

문해력 레벨 1

7-2 ※조정 경기 중 에이트라는 종목은/※키를 잡는 사람 1명과 ※노를 잡는 사람 8명이 한 팀이 되어서 하는 경기입니다./ 에이트 경기에 12팀이 출전했다면/ 출전한 사람은 모두 몇 명인가요?

스스로 풀기 ❶

문해력 백과

조정 경기: 노를 저어 배가 나아가게 하여 속도를 겨루는 경기
키: 배의 방향을 조정하는 장치
노: 물을 헤쳐 배를 나아가게 하는 도구

❷

답 _____

문해력 레벨 2

7-3 의자를 짧은 쪽에는 1개씩, 긴 쪽에는 2개씩 놓을 수 있는 책상을/ 그림과 같은 방법으로 붙여 놓으면서 의자를 놓고 있습니다./ 의자를 26개 놓으려면/ 필요한 책상은 몇 개인가요?

스스로 풀기 ❶ 책상 수와 의자 수 사이의 대응 관계 알아보기

수가 늘어나는 것과 변하지 않는 것을 찾아서 관계를 알아보자.

❷ 의자를 26개 놓을 때 필요한 책상 수 구하기

답 _____

수학 문해력 기르기

문해력 문제 8

지유는 500원짜리 동전과 100원짜리 동전을 합해서 10개 가지고 있습니다./
이 돈이 모두 3000원이라면/
지유가 가지고 있는 500원짜리 동전과 100원짜리 동전은 각각 몇 개인가요?
└ 구하려는 것

해결 전략

개수에 따른 금액을 알아보려면

❶ 표로 나타내 전체 동전 수가 10개일 때 동전 수에 따른 금액의 합을 알아보고

❷ 금액의 합이 3000원일 때 동전이 각각 몇 개인지 구한다.

문제 풀기

❶ 전체 동전의 수가 10개일 때 금액의 합 구하기

500원짜리 동전 수(개)	1	2	3	4	5
100원짜리 동전 수(개)	9	8			
금액의 합(원)	1400	1800			

❷ 금액의 합이 3000원일 때 각각의 동전 수 구하기

지유가 가지고 있는 동전은

500원짜리 동전 ☐개, 100원짜리 동전 ☐개이다.

답 500원짜리 동전: _____, 100원짜리 동전: _____

문해력 레벨업

표를 만들어 동전 수에 따라 합계 금액을 구하자.

① 한 종류의 동전 수를 기준으로 정하고 → ② ①에 따라 다른 동전 수를 구한 후 금액의 합을 구한다. → ③ 조건에 맞는 경우를 찾는다.

쌍둥이 문제

8-1 은지는 500원짜리 동전과 100원짜리 동전을 합해서 12개 가지고 있습니다./ 이 돈이 모두 4000원이라면/ 은지가 가지고 있는 500원짜리 동전과 100원짜리 동전은 각각 몇 개인가요?

따라 풀기 ❶

❷

답 500원짜리 동전:_____, 100원짜리 동전:_____

문해력 레벨 1

8-2 설아는 20※달러짜리 지폐와 5달러짜리 지폐를 합해서 10장 가지고 있습니다./ 이 돈이 모두 140달러라면/ 설아가 가지고 있는 20달러짜리 지폐와 5달러짜리 지폐는 각각 몇 장인가요?

따라 풀기 ❶

> **문해력 백과**
> 달러: 미국에서 사용되는 돈의 단위로 캐나다, 홍콩, 싱가포르 등의 돈의 단위도 달러이지만 흔히 달러라고 하면 미국의 달러를 말한다.

❷

답 20달러짜리 지폐:_____, 5달러짜리 지폐:_____

문해력 레벨 2

8-3 색연필은 한 자루에 700원, 연필은 한 자루에 500원입니다./ 현수는 색연필과 연필을 합해서 9자루 사고,/ 6000원을 낸 후 거스름돈을 받았습니다./ 색연필을 가능한 한 많이 샀다면/ 현수가 산 색연필과 연필은 각각 몇 자루인가요?

스스로 풀기 ❶ 색연필과 연필을 합해서 9자루 샀을 때 물건값의 합 알아보기

❷ 현수가 산 색연필과 연필은 각각 몇 자루인지 구하기

답 색연필:_____, 연필:_____

수학 문해력 완성하기

관련 단원 규칙과 대응

다음과 같이 규칙에 따라 바둑돌을 놓고 있습니다./ 7번째에 놓일 바둑돌에서/ 흰색 바둑돌과 검은색 바둑돌의 개수의 차는 몇 개인가요?

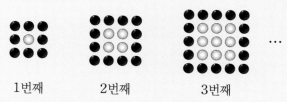

1번째   2번째   3번째

해결 전략

• 순서와 흰색 바둑돌의 수 사이의 대응 관계

1번째   2번째   3번째
1×1 2×2 3×3

• 순서와 검은색 바둑돌의 수 사이의 대응 관계

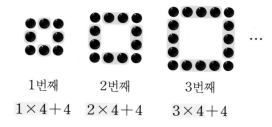

1번째   2번째   3번째
$1 \times 4 + 4$ $2 \times 4 + 4$ $3 \times 4 + 4$

※15년 상반기 20번 기출유형

문제 풀기

❶ 순서에 따른 흰색과 검은색 바둑돌의 수를 표로 나타내기

순서(번째)	1	2	3	4	⋯
흰색 바둑돌의 수(개)	1				⋯
검은색 바둑돌의 수(개)	8				⋯

❷ 순서를 ◇, 흰색 바둑돌의 수를 ○, 검은색 바둑돌의 수를 △라고 할 때, 대응 관계를 식으로 나타내기

순서와 흰색 바둑돌의 수 사이의 대응 관계: ○ = ◇ × ☐

순서와 검은색 바둑돌의 수 사이의 대응 관계: △ = ◇ × ☐ + ☐

❸ 7번째에 놓일 흰색 바둑돌의 수와 검은색 바둑돌의 수를 구하여 개수의 차 구하기

답 _____

관련 단원 다각형의 둘레와 넓이

기출 2 넓이가 1200 m²인 삼각형 ㄱㄴㄷ의 땅 안에/ 가장 큰 정사각형만큼 잔디를 심었습니다./
잔디를 심은 곳의 넓이는 몇 m²인가요?

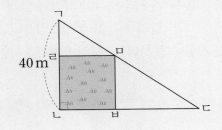

40 m

해결 전략

전체 삼각형의 넓이는
두 부분으로 나누어진
삼각형의 넓이의 합과 같아.

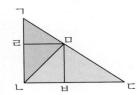 = 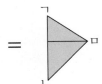 +

※17년 상반기 19번 기출유형

문제 풀기

❶ 삼각형 ㄱㄴㄷ에서 변 ㄴㄷ의 길이 구하기

변 ㄴㄷ의 길이를 ■ m라고 하면 ■ × ☐ ÷ 2 = 1200이다. ➜ ■ × ☐ = 2400, ■ = ☐

❷ 정사각형 ㄹㄴㅂㅁ의 한 변의 길이 구하기

점 ㄴ과 점 ㅁ을 이어 선분을 긋고, 정사각형 ㄹㄴㅂㅁ의 한 변의 길이를 ▲ m라고 하면

(삼각형 ㄱㄴㅁ의 넓이) + (삼각형 ㅁㄴㄷ의 넓이) = (삼각형 ㄱㄴㄷ의 넓이)

☐ × ▲ ÷ 2 + ☐ × ▲ ÷ 2 = 1200

➜ 20 × ▲ + 30 × ▲ = 1200, ☐ × ▲ = 1200, ▲ = ☐

❸ 잔디를 심은 곳의 넓이 구하기

_____

답 _____

5일 수학 문해력 완성하기

관련 단원 규칙과 대응

융합 3

지구는 하루에 한 바퀴(360°) 돕니다./ 하루는 24시간이므로 1시간에 15°씩 돌게 되고,/ 이로 인해 지구에 있는 지역들의 시각이 차이가 나게 됩니다./ 예빈이는 우리나라의 수도 서울과/ 캐나다의 수도 오타와의 시각을 찾아보았습니다./ 6월의 어느 날 서울과 오타와의 시각 사이의 대응 관계를 이용하여/ 서울이 오후 11시일 때/ 오타와의 시각을 구하세요.

해결 전략

오전과 오후가 함께 있는 시각을 계산할 때에는 하루의 시간이 24시간임을 이용하자.

오전 3시	오전 6시	낮 12시	오후 3시	오후 6시

↓

3시	6시	12시	15시	18시

문제 풀기

❶ 서울과 오타와의 시각을 표를 이용하여 나타내기

서울의 시각	오후 2시	오후 3시	오후 4시	오후 5시	오후 6시	…
오타와의 시각	오전 1시	오전 2시	오전 □시	오전 □시	오전 □시	…

❷ 서울의 시각(□)과 오타와의 시각(○) 사이의 대응 관계를 식으로 나타내기

_____

❸ 서울이 오후 11시일 때 오타와의 시각 구하기

_____

답 _____

관련 단원 다각형의 둘레와 넓이

코딩 4 도형을 그리는 코드입니다./ |보기|와 같이 코드의 내용에 따라 도형을 그리고,/ 그린 도형의 둘레는 몇 cm인지 구하세요.

|보기|

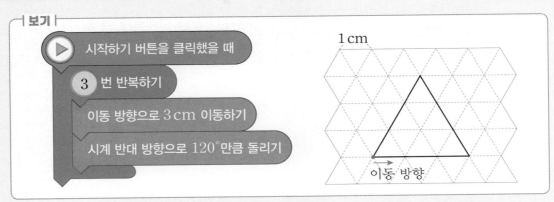

▶ 시작하기 버튼을 클릭했을 때
3 번 반복하기
이동 방향으로 3 cm 이동하기
시계 반대 방향으로 120°만큼 돌리기

1 cm

이동 방향

▶ 시작하기 버튼을 클릭했을 때
6 번 반복하기
이동 방향으로 2 cm 이동하기
시계 반대 방향으로 60°만큼 돌리기

1 cm

이동 방향

해결 전략

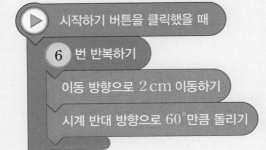

예 시계 반대 방향으로 120°만큼 돌리기

120°

이동 방향

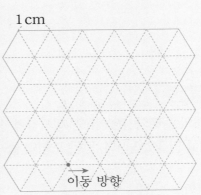

예 시계 반대 방향으로 60°만큼 돌리기

60°

이동 방향

문제 풀기

❶ 코드의 내용에 따라 도형 그리기

❷ 그린 도형의 둘레 구하기

답 _____

수학 문해력 평가하기

100쪽 문해력 1

1 한 변의 길이가 8 cm인 정삼각형이 있습니다. 이 정삼각형과 둘레가 같은 정사각형의 한 변의 길이는 몇 cm인가요?

풀이

답 _____

104쪽 문해력 3

2 한 개의 둘레가 12 cm인 정사각형 4개를 겹치지 않게 이어 붙여 오른쪽과 같은 도형을 만들었습니다. 만든 도형의 둘레는 몇 cm인가요?

풀이

답 _____

108쪽 문해력 5

3 직사각형 모양의 이불이 있습니다. 이불의 가로는 150 cm이고, 넓이는 3 m²일 때 이불의 세로는 몇 cm인가요?

풀이

답 _____

102쪽 문해력**2**

4 선호가 가지고 있는 스케치북은 둘레가 120 cm인 직사각형 모양입니다. 스케치북의 가로가 세로보다 10 cm 더 길다면 세로는 몇 cm인가요?

> 풀이

> 답 _____

108쪽 문해력**5**

5 한 변의 길이가 18 cm인 정사각형과 넓이가 같은 삼각형을 그리려고 합니다. 삼각형의 밑변의 길이를 27 cm로 한다면 삼각형의 높이는 몇 cm로 해야 하나요?

> 풀이

> 답 _____

104쪽 문해력**3**

6 크기가 같은 정사각형 3개와 큰 정사각형 1개를 겹치지 않게 이어 붙여 오른쪽과 같은 직사각형을 만들었습니다. 만든 직사각형의 둘레는 몇 cm인가요?

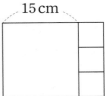

> 풀이

> 답 _____

110쪽 문해력 **6**

7 사다리꼴 모양의 땅에 삼각형 모양의 울타리를 만들었습니다. 색칠한 부분의 땅의 넓이는 몇 m²인가요?

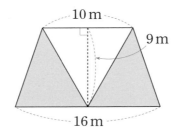

풀이

답 _____

106쪽 문해력 **4**

8 연아는 숫자 7 모양을 다음과 같이 도형으로 나타내 보았습니다. 도형의 둘레는 몇 cm인가요?

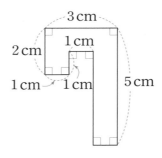

풀이

답 _____

112쪽 문해력 7

9 민하는 성냥개비로 정사각형을 만들고 있습니다. 정사각형을 15개 만들려면 필요한 성냥개비는 몇 개인 가요?

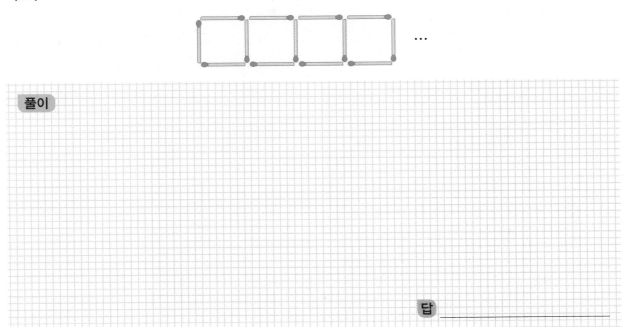

풀이

답 _____

114쪽 문해력 8

10 근영이는 50원짜리 동전과 10원짜리 동전을 합해서 13개 가지고 있습니다. 이 돈이 모두 370원이라면 근영이가 가지고 있는 50원짜리 동전과 10원짜리 동전은 각각 몇 개인가요?

풀이

답 50원짜리 동전: _____ , 10원짜리 동전: _____

복습책

초등 문해력
독해가
힘이다

천재교육

그래서
밀크T가
필요한 겁니다

6학년

5학년

4학년

3학년

2학년

**학년이 더─ 높아질수록
꼭 필요한 공부법**

더─잡아야 할 **공부습관**
더─올려야 할 **성적향상**
더─맞춰야 할 **1:1 맞춤학습**

학년별 맞춤 콘텐츠	**수준별 국/영/수**	**1:1 맞춤학습**
7세부터 6학년까지 차별화된 맞춤 학습 콘텐츠와 과목 전문강사의 동영상 강의	체계적인 학습으로 기본 개념부터 최고 수준까지 실력완성 및 공부습관 형성	1:1 밀착 관리선생님 1:1 AI 첨삭과외 1:1 맞춤학습 커리큘럼

www.milkt.co.kr | 1577-1533

**우리 아이 공부습관,
무료체험 후 결정하세요!**

1-2 유사 문제

1 유빈이네 반 남학생 20명과 여학생 18명이 놀이공원으로 소풍을 갔습니다. 놀이 기구 한 대에 6명씩 4대에 나누어 탔다면 아직 놀이 기구를 타지 못한 유빈이네 반 학생은 몇 명인지 하나의 식으로 나타내어 구하세요.

풀이

식 _____ 답 _____

1-3 유사 문제

2 야구 경기장에서 입장객에게 나누어 주려고 준비한 응원 도구는 200개입니다. 입장한 어른 27명과 어린이 32명에게 응원 도구를 2개씩 나누어 주었다면 남은 응원 도구는 몇 개인지 하나의 식으로 나타내어 구하세요.

풀이

식 _____ 답 _____

문해력 레벨 **3**

3 선생님께서 노란색 색종이 85장과 파란색 색종이 65장을 색깔에 상관없이 학생 22명에게 6장씩 나누어 준 후 색종이 50장을 더 사 와서 학생 20명에게 2장씩 나누어 주었습니다. 남은 색종이는 몇 장인지 하나의 식으로 나타내어 구하세요.

풀이

식 _____ 답 _____

2-2 유사 문제

4 올해 소민이의 나이는 13살입니다. 6년 전에 아버지의 나이는 소민이 나이의 3배보다 12살 더 많았습니다. 6년 전에 아버지의 나이는 몇 살이었는지 하나의 식으로 나타내어 구하세요.

풀이

식 _____ 답 _____

2-3 유사 문제

5 토끼의 수명은 보통 6년 정도입니다. 기린의 수명은 토끼의 수명의 4배보다 4년 정도 더 길고, 침팬지의 수명은 기린의 수명의 3배보다 24년 정도 더 짧습니다. 침팬지의 수명은 몇 년 정도 되는지 하나의 식으로 나타내어 구하세요.

풀이

식 _____ 답 _____

문해력 레벨 3

6 올해 지효의 나이는 8살입니다. 삼촌의 나이는 지효 나이의 3배보다 4살 더 많고, 어머니의 나이는 삼촌 나이의 2배보다 10살 더 적습니다. 삼촌과 어머니의 나이의 차는 몇 살인가요?

풀이

답 _____

3-1 유사 문제

1 윤지네 반 학생을 대상으로 이번 여름방학에 바다에 간 학생과 산에 간 학생을 조사하였더니 바다에 간 학생은 18명, 산에 간 학생은 16명이었습니다. 두 곳에 모두 가지 않은 학생은 없었고 두 곳에 모두 간 학생은 5명입니다. 윤지네 반 학생은 몇 명인지 하나의 식으로 나타내어 구하세요.

풀이

식 _____   답 _____

3-2 유사 문제

2 현지와 인우가 육교 양쪽 끝에서 걸어가고 있습니다. 그림과 같이 현지는 A에서 출발하여 140 m를 걸어가다가 멈췄고, 인우는 B에서 출발하여 190 m를 걸어가다가 멈췄습니다. 지금 두 사람 사이의 거리가 80 m일 때, 두 사람이 출발한 곳 사이의 거리는 몇 m인지 하나의 식으로 나타내어 구하세요.

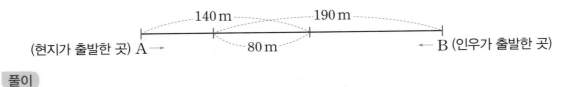

(현지가 출발한 곳) A →   140 m   80 m   190 m   ← B (인우가 출발한 곳)

풀이

식 _____   답 _____

3-3 유사 문제

3 기우네 학교 전체 학생이 낸 봉사활동 신청서 중 유기견 봉사활동 신청서를 낸 학생은 190명, 쓰레기 줍기 봉사활동 신청서를 낸 학생은 230명입니다. 두 봉사활동에 모두 신청서를 내지 않은 학생은 10명이고, 모두 낸 학생은 25명입니다. 기우네 학교 전체 학생 수는 몇 명인지 하나의 식으로 나타내어 구하세요.

풀이

식 _____   답 _____

4-1 유사 문제

4 추석 전날 하리네 가족은 송편을 빚었습니다. 1분 동안 한 명당 송편을 3개씩 빚었다면 8명이 송편 216개를 빚는 데 걸린 시간은 몇 분이었는지 하나의 식으로 나타내어 구하세요.

풀이

식 _____ 답 _____

4-2 유사 문제

5 선빈이는 자전거를 타고 일정한 빠르기로 50분 동안 7500 m를 갈 수 있습니다. 같은 빠르기로 선빈이네 집에서 18000 m 떨어진 할머니 댁까지 자전거로 가는 데 걸리는 시간은 몇 시간인지 하나의 식으로 나타내어 구하세요.

풀이

식 _____ 답 _____

4-3 유사 문제

6 쿠키를 한 번에 16개씩 굽는 틀 한 개와 18개씩 굽는 틀 한 개를 동시에 오븐에 넣고 5분 동안 쿠키를 구웠습니다. 같은 방법으로 쿠키 170개를 굽는 데 걸리는 시간은 몇 분인지 하나의 식으로 나타내어 구하세요.

풀이

식 _____ 답 _____

5-1 유사 문제

1 수민이는 문구점에 8000원을 가지고 가서 친구 생일 선물로 6자루에 3000원 하는 연필 4자루와 3200원짜리 필통 한 개를 샀습니다. 연필과 필통을 사고 남은 돈은 얼마인지 하나의 식으로 나타내어 구하세요.

풀이

식 _____ 답 _____

5-2 유사 문제

2 재혁이는 2000원짜리 줄무늬 양말 1켤레와 4켤레에 6000원인 검은색 양말 3켤레를 사려고 합니다. 재혁이가 지금 가지고 있는 돈이 4000원이라면 모자란 돈은 얼마인지 하나의 식으로 나타내어 구하세요.

풀이

식 _____ 답 _____

5-3 유사 문제

3 경희는 6개에 4200원 하는 호두과자 4개와 8개에 4000원 하는 땅콩과자 5개를 사고 5000원짜리 지폐 2장을 낸 후 거스름돈을 받았습니다. 경희가 받은 거스름돈은 얼마인지 하나의 식으로 나타내어 구하세요.

풀이

식 _____ 답 _____

6-1 유사 문제

4 무게가 같은 망고 9개가 들어 있는 바구니의 무게를 재어 보니 7880 g입니다. 여기에 무게가 같은 망고 3개를 더 넣어 무게를 재어 보니 10280 g이었습니다. 바구니만의 무게는 몇 g인지 하나의 식으로 나타내어 구하세요.

풀이

식 _____   답 _____

6-2 유사 문제

5 무게가 같은 문제집 5권이 들어 있는 종이 가방 무게는 2800 g입니다. 문제집 2권을 빼고 종이 가방의 무게를 다시 재어 보니 1720 g이었습니다. 종이 가방만의 무게는 몇 g인지 하나의 식으로 나타내어 구하세요.

풀이

식 _____   답 _____

6-3 유사 문제

6 물류 창고 선반 위에 높이가 같은 택배 상자가 여러 개 쌓여 있습니다. 바닥으로부터 택배 상자 4개까지의 높이가 194 cm이고 택배 상자 6개까지의 높이가 276 cm입니다. 바닥으로부터 택배 상자 3개까지의 높이는 몇 cm인지 하나의 식으로 나타내어 구하세요.

풀이

식 _____   답 _____

7-1 유사 문제

1 어떤 수에서 3을 빼고 9를 곱한 값에 72를 3으로 나눈 몫을 더했더니 924가 되었습니다. 어떤 수를 구하세요.

풀이

답 _____

7-2 유사 문제

2 과일 가게에서 한 개에 2300원인 복숭아 4개와 같은 참외 3개를 샀더니 14000원이었습니다. 참외 1개의 값은 얼마인가요?

풀이

답 _____

7-3 유사 문제

3 27에 어떤 수와 6의 곱을 더한 후 15를 빼야 할 것을 잘못하여 27에 어떤 수를 더한 후 6배 하여 15를 뺐더니 255가 되었습니다. 바르게 계산한 값을 구하세요.

풀이

답 _____

8-1 유사 문제

4 동물원에 있는 사자와 공작새는 모두 100마리입니다. 사자와 공작새의 다리를 세어 보니 모두 324개였습니다. 동물원에 있는 사자는 몇 마리인가요?

풀이

답 _____

8-2 유사 문제

5 영화관에서 파는 팝콘 한 개는 5500원이고, 나초 한 개는 4000원입니다. 팝콘과 나초를 모두 12개 사고 60000원을 냈더니 3000원을 거슬러 주었습니다. 팝콘을 몇 개 샀나요?

풀이

답 _____

8-3 유사 문제

6 우빈이네 집에는 우유가 매일 1갑씩 배달됩니다. 우유 1갑의 가격이 700원이었다가 6월의 어느 날부터 가격이 660원으로 내려서 6월 한 달의 우윳값으로 20200원을 냈습니다. 내린 우윳값으로 배달되기 시작한 날은 6월 며칠인가요?

풀이

답 _____

1 어떤 수와 7의 합에 8을 곱한 후 6으로 나누어야 할 것을 잘못하여 어떤 수에 7을 더한 값을 8로 나눈 후 6을 곱했더니 126이 되었습니다. 바르게 계산한 값을 구하세요.

풀이

답 _____

2 48에서 어떤 수를 뺀 값을 3으로 나눈 후 6을 곱해야 할 것을 잘못하여 48과 어떤 수의 합에 3을 곱한 후 6으로 나누었더니 33이 되었습니다. 바르게 계산한 값을 구하세요.

풀이

답 _____

기출 2 유사 문제

3 태욱이네 집은 24층입니다. 어느 날 엘리베이터가 고장나서 24층까지 걸어서 올라가기로 하였습니다. 1층부터 15층까지는 쉬지 않고 올라가서 15층에서 처음으로 20초를 쉬었고 15층부터는 한 층씩 올라갈 때마다 20초씩 쉬었습니다. 한 층씩 올라가는 데 걸린 시간이 모두 같다면 태욱이가 1층부터 24층에 도착할 때까지 걸린 시간은 모두 몇 초인가요? (단, 태욱이가 1층부터 10층까지 쉬지 않고 올라가는 데 걸린 시간은 144초입니다.)

❶ 한 층을 올라가는 데 걸린 시간이 몇 초인지 구하기

_____

_____

❷ 1층부터 15층까지 올라가는 데 걸린 시간 구하기

_____

❸ 15층에 도착한 때부터 24층에 도착할 때까지 걸린 시간 구하기

_____

_____

_____

❹ 1층부터 24층에 도착할 때까지 걸린 시간 구하기

_____

답 _____

1-1 유사 문제

1 이나는 1부터 50까지의 수를 차례로 종이에 쓰다가 8의 배수일 때는 수를 쓰는 대신에 ■를 그리고, 9의 배수일 때는 수를 쓰는 대신에 ▲를 그렸습니다. 이나가 그린 ■와 ▲는 모두 몇 개인가요?

풀이

답 _____

1-2 유사 문제

2 태권도 학원에 준우는 날짜가 7의 배수인 날에 가고, 원희는 5의 배수인 날에 갑니다. 8월 한 달 동안 태권도 학원에 누가 몇 번 더 많이 가게 되는지 구하세요.

풀이

답 _____ , _____

1-3 유사 문제

3 정민이와 소영이는 수학 학원에 다닙니다. 정민이는 날짜가 3의 배수인 날에 가고, 소영이는 4의 배수인 날에 갑니다. 6월 한 달 동안 두 사람 중에 소영이만 수학 학원에 간 날은 모두 몇 번인가요?

풀이

답 _____

2-1 유사 문제

4 어느 정류장에 3050번 버스는 18분마다, 3120번 버스는 21분마다 도착합니다. 두 버스가 오전 9시 30분에 처음으로 동시에 도착했다면 바로 다음번에 두 버스가 동시에 도착하는 시각은 오전 몇 시 몇 분인가요?

풀이

답 _____

2-2 유사 문제

5 ㉠ 건물에 있는[※]항공 장애 표시등은 7초 동안 켜져 있다가 5초 동안 꺼지고, ㉡ 건물에 있는 항공 장애 표시등은 10초 동안 켜져 있다가 10초 동안 꺼집니다. 두 건물에 있는 항공 장애 표시등이 동시에 켜진 후 바로 다음번에 동시에 켜질 때까지 걸리는 시간은 몇 초인가요?

풀이

📖 **문해력 백과**

항공 장애 표시등: 밤에 비행하는 항공기에 높은 건축물이나 위험물의 존재를 알리기 위한 조명 장치

답 _____

2-3 유사 문제

6 해수와 주빈이는 자전거로 호수의 둘레를 일정한 빠르기로 달리고 있습니다. 해수는 6분마다, 주빈이는 8분마다 호수를 한 바퀴 돕니다. 두 사람이 출발점에서 같은 방향으로 동시에 출발할 때, 출발 후 2시간 동안 출발점에서 몇 번 만나나요?

풀이

답 _____

3-1 유사 문제

1 오늘 솔미네 반은 색종이로 만들기 수업을 합니다. 색종이 60장과 가위 40개를 준비해 최대한 많은 학생에게 똑같이 나누어 주었더니 색종이는 6장, 가위는 4개가 남았습니다. 나누어 준 학생은 몇 명인지 구하세요.

풀이

답 _____

3-2 유사 문제

2 46과 73을 어떤 수로 나누면 나머지가 각각 4와 3입니다. 어떤 수가 될 수 있는 수 중에서 가장 큰 수를 구하세요.

풀이

답 _____

3-3 유사 문제

3 호연이네 반 선생님께서 공책 50권과 연필 55자루를 준비해 최대한 많은 학생에게 똑같이 나누어 주려고 했더니 공책은 2권이 남고 연필은 5자루가 부족합니다. 나누어 주려고 한 학생은 몇 명인지 구하세요.

풀이

답 _____

4-1 유사 문제

4 하연이는 직접 만든[*]마카롱을 봉지에 담으려고 합니다. 한 봉지에 18개씩 담아도 7개가 남고, 24개씩 담아도 7개가 남습니다. 하연이가 직접 만든 마카롱은 적어도 몇 개인가요?

풀이

출처: ⓒParinya/shutterstock

📖 **문해력 어휘**
마카롱: 아몬드, 밀가루, 달걀 흰자, 설탕 등을 넣어 만든 과자

답 _____

4-2 유사 문제

5 어떤 수를 56으로 나누어도 4가 남고, 48로 나누어도 4가 남습니다. 어떤 수가 될 수 있는 수 중에서 가장 작은 수를 구하세요.

풀이

답 _____

4-3 유사 문제

6 지우네 학교 전교생이 캠핑장에 도착했습니다. 각 텐트에 학생 수를 똑같이[*]배정하려고 하는데 12명씩 배정해도 4명이 남고, 16명씩 배정해도 4명이 남습니다. 지우네 학교 전교생 수는 200명보다 많고 250명보다 적을 때 전교생은 몇 명인가요?

풀이

📖 **문해력 어휘**
배정: 몫을 나누어 정함.

답 _____

5-1 유사 문제

1 혜진이는 가로가 54 cm, 세로가 45 cm인 직사각형 모양의 천을 겹치지 않게 여러 장 이어 붙여 정사각형 모양을 만들려고 합니다. 만들 수 있는 가장 작은 정사각형의 한 변의 길이는 몇 cm인가요?

풀이

답 _____

5-2 유사 문제

2 가로가 72 cm, 세로가 81 cm인 직사각형 모양의 종이를 겹치지 않게 이어 붙여 정사각형 모양을 만들려고 합니다. 만들 수 있는 두 번째로 작은 정사각형의 한 변의 길이는 몇 cm인가요?

풀이

답 _____

5-3 유사 문제

3 가로가 42 cm, 세로가 36 cm인 직사각형 모양의 종이를 겹치지 않게 여러 장 이어 붙여 가장 작은 정사각형 모양을 만들려고 합니다. 필요한 직사각형 모양의 종이는 몇 장인가요?

풀이

답 _____

6-1 유사 문제

4 가로가 45 cm, 세로가 81 cm인 직사각형 모양의 밀가루 반죽을 남는 부분 없이 크기가 같은 정사각형 모양으로 여러 개 잘라 파이를 만들려고 합니다. 자를 수 있는 가장 큰 정사각형의 한 변의 길이는 몇 cm인가요?

풀이

답 _____

6-2 유사 문제

5 가로가 60 cm, 세로가 84 cm인 직사각형 모양의 색종이가 있습니다. 이 색종이를 남는 부분 없이 크기가 같은 정사각형 모양으로 잘라 여러 장 만들려고 합니다. 만들 수 있는 가장 큰 정사각형은 모두 몇 장인가요?

풀이

답 _____

6-3 유사 문제

6 목장에 오른쪽과 같이 벽을 제외한 세 곳에 울타리를 치려고 합니다. 같은 간격으로 울타리의 기둥을 세우고 벽과 만나는 곳과 울타리끼리 만나는 부분에도 반드시 기둥을 세워야 합니다. 기둥은 적어도 몇 개 필요한가요? (단, 기둥의 굵기는 생각하지 않습니다.)

풀이

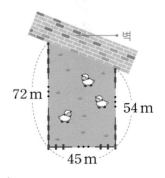

답 _____

7-1 유사 문제

1 ㉮ 톱니바퀴와 ㉯ 톱니바퀴가 서로 맞물려 돌아가고 있습니다. ㉮ 톱니바퀴의 톱니 수는 42개, ㉯ 톱니바퀴의 톱니 수는 98개입니다. 처음에 맞물렸던 두 톱니가 다시 만나려면 ㉮ 톱니바퀴는 적어도 몇 바퀴를 돌아야 하나요?

풀이

답 _____

7-2 유사 문제

2 오른쪽은 어떤 기계 속에서 맞물려 돌아가고 있는 두 톱니바퀴의 모습입니다. 왼쪽 톱니바퀴의 톱니 수는 81개, 오른쪽 톱니바퀴의 톱니 수는 63개입니다. 처음에 맞물렸던 두 톱니가 다시 같은 위치에서 만나려면 두 톱니바퀴는 적어도 각각 몇 바퀴씩 돌아야 하나요?

풀이

답 왼쪽 톱니바퀴:_____, 오른쪽 톱니바퀴:_____

7-3 유사 문제

3 ㉮ 톱니바퀴와 ㉯ 톱니바퀴가 서로 맞물려 돌아가고 있습니다. ㉮ 톱니바퀴의 톱니 수는 70개, ㉯ 톱니바퀴의 톱니 수는 126개이고, ㉯ 톱니바퀴는 한 바퀴 도는 데 8분이 걸립니다. 처음에 맞물렸던 두 톱니가 처음으로 다시 같은 위치에서 만날 때까지 걸리는 시간은 적어도 몇 분인가요?

풀이

답 _____

8-1 유사 문제

4 두 자연수 ㉠과 32가 있습니다. 두 자연수의 최대공약수가 16이고, 최소공배수가 224입니다. 나머지 한 수인 ㉠을 구하세요.

풀이

답 _____

8-2 유사 문제

5 두 자연수 ㉠과 ㉡의 최대공약수는 35이고, 최소공배수는 840입니다. ㉠을 최대공약수로 나누면 몫이 3일 때 ㉠과 ㉡을 각각 구하세요.

풀이

답 ㉠: _____ , ㉡: _____

8-3 유사 문제

6 두 자연수 ㉠과 ㉡의 최대공약수는 45이고, 최소공배수는 405입니다. ㉠이 ㉡보다 클 때 ㉠을 구하세요.

풀이

답 _____

1 48과 ㉠의 최대공약수는 16이고, 120과 ㉠의 최대공약수는 40입니다. ㉠은 같은 수일 때 ㉠이 될 수 있는 수 중에서 가장 작은 수를 구하세요.

풀이

답 _____

2 105와 ㉠의 최대공약수는 24이고, 150과 ㉠의 최대공약수는 30입니다. ㉠은 같은 수일 때 ㉠이 될 수 있는 수 중에서 세 번째로 작은 수를 구하세요.

풀이

답 _____

기출 2 **유사 문제**

3 막대사탕이 들어 있는 상자가 12개 있습니다. 이 상자 중에서 들어 있는 막대사탕의 수가 가장 많은 것은 45개이고, 가장 적은 것은 40개입니다. 12개의 상자에 들어 있는 막대사탕을 모두 꺼내어 한 봉지에 70개씩 나누어 담으면 마지막 봉지에는 막대사탕이 3개 모자란다고 합니다. 12개의 상자에 들어 있는 막대사탕은 모두 몇 개인가요?

풀이

답 _____

기출 **변형**

4 젤리가 들어 있는 상자가 16개 있습니다. 이 상자 중에서 들어 있는 젤리의 수가 가장 많은 것은 32개이고, 가장 적은 것은 25개입니다. 16개의 상자에 들어 있는 젤리를 모두 꺼내어 한 봉지에 80개씩 나누어 담으면 젤리가 5개 남는다고 합니다. 16개의 상자에 들어 있는 젤리는 모두 몇 개인가요?

풀이

답 _____

1-2 유사 문제

1 피자 가게에 치즈피자가 36조각, 고구마피자가 26조각, 불고기피자가 38조각 있습니다. 치즈피자 수는 전체 피자 수의 몇 분의 몇인지 기약분수로 나타내 보세요.

풀이

답 _____

1-3 유사 문제

2 윤주는 구슬을 70개 가지고 있었습니다. 이 중에서 18개는 언니에게 주고, 27개는 남동생에게 주었습니다. 남은 구슬 수는 처음 구슬 수의 몇 분의 몇인지 기약분수로 나타내 보세요.

풀이

답 _____

문해력 레벨 3

3 찬형이 방 책장에는 동화책이 23권, 만화책이 17권, 위인전이 35권 꽂혀 있습니다. 이 중에서 동화책 3권을 친구에게 빌려주었습니다. 친구에게 빌려 주고 남은 동화책 수는 처음에 있던 전체 책 수의 몇 분의 몇인지 기약분수로 나타내 보세요.

풀이

답 _____

2-1 유사 문제

4 어떤 분수의 분모와 분자의 합은 90이고, 기약분수로 나타내면 $\frac{7}{8}$입니다. 어떤 분수를 구하세요.

풀이

답 _____

2-2 유사 문제

5 어떤 분수의 분모와 분자의 차는 63이고, 기약분수로 나타내면 $\frac{5}{8}$입니다. 어떤 분수를 구하세요.

풀이

답 _____

2-3 유사 문제

6 효진이가 분수 하나를 생각하고 이 분수의 분자에 7을 더하여 새로운 분수를 만들었습니다. 새로 만든 분수의 분모와 분자의 차는 35이고, 기약분수로 나타내면 $\frac{4}{9}$입니다. 효진이가 생각한 분수를 구하세요.

풀이

답 _____

3-2 유사 문제

1 지웅이네 집에서 각 장소까지의 거리를 알아보았습니다. 서점까지의 거리는 $2\frac{7}{20}$ km, 은행까지의 거리는 $2\frac{1}{3}$ km, 병원까지의 거리는 2.5 km입니다. 지웅이네 집에서 가장 먼 곳은 어디인가요?

풀이

답 _____

3-3 유사 문제

2 딸기잼 $6\frac{11}{15}$ kg, 사과잼 $6\frac{7}{12}$ kg, 복숭아잼 6.6 kg이 있습니다. 딸기잼, 사과잼, 복숭아잼을 무게가 무거운 것부터 차례로 쓰세요.

풀이

답 _____

문해력 레벨 **2**

3 우유 한 병을 예서, 기준, 해나가 나누어 마시려고 합니다. 예서는 전체 양의 0.3을, 기준이는 전체 양의 $\frac{3}{8}$을, 나머지는 해나가 모두 마신다면 우유를 적게 마신 사람부터 차례로 이름을 쓰세요.

풀이

답 _____

4-1 유사 문제

4 $\frac{4}{9}$보다 크고 $\frac{7}{12}$보다 작은 분수 중에서 분모는 72이고, 분자는 4의 배수인 분수를 모두 구하세요.

풀이

답 _____

4-2 유사 문제

5 $\frac{2}{5}$보다 크고 $\frac{8}{15}$보다 작은 분수 중에서 분모가 60인 기약분수를 모두 구하세요.

풀이

답 _____

4-3 유사 문제

6 냉장고에 있는 음료수의 양은 $\frac{13}{20}$ L와 $\frac{3}{4}$ L 사이이고, 분모가 80인 기약분수이며 두 번째로 작은 수입니다. 이 음료수의 양은 몇 L인가요?

풀이

답 _____

5-1 유사 문제

1 길이가 각각 $1\frac{9}{16}$ m, $1\frac{5}{12}$ m인 색 테이프 2장을 $\frac{1}{6}$ m만큼 겹치게 한 줄로 이어 붙였습니다. 이은 색 테이프 전체의 길이는 몇 m인가요?

풀이

답 _____

5-2 유사 문제

2 길이가 각각 $2\frac{1}{4}$ m, $3\frac{2}{3}$ m, $4\frac{7}{9}$ m인 색 테이프 3장을 $\frac{7}{24}$ m씩 겹치게 한 줄로 이어 붙였습니다. 이은 색 테이프 전체의 길이는 몇 m인가요?

풀이

답 _____

5-3 유사 문제

3 다음은 어느 수목원의 각 지점의 위치를 나타낸 그림입니다. 산림 박물관에서 매표소까지의 거리는 $12\frac{2}{7}$ km, 산림 박물관에서 방문자 센터까지의 거리는 $8\frac{3}{4}$ km, ※화목원에서 매표소까지의 거리는 $6\frac{7}{12}$ km입니다. 화목원에서 방문자 센터까지의 거리는 몇 km인가요?

그림 그리기

📖 문해력 어휘

화목원: 꽃이 있는 나무 중심으로 만들어진 소규모 정원

산림 박물관   열대 식물원   화목원   방문자 센터   매표소

풀이

답 _____

6-1 유사 문제

4 은형이와 재준이는 초콜릿 가루와 우유를 섞어 각각 같은 양의 초코 우유를 만들었습니다. 각자 만든 초코 우유에서 은형이는 반을 다른 병에 옮겨 담았더니 $1\frac{5}{6}$ L가 남았고, 재준이는 $\frac{8}{15}$ L를 마셨습니다. 재준이에게 남은 초코 우유는 몇 L인가요?

풀이

답 _____

6-2 유사 문제

5 설탕이 가득 들어 있는 통의 무게를 재었더니 $4\frac{7}{9}$ kg이었습니다. 들어 있는 설탕의 반만큼을 덜어 낸 후 통의 무게를 재었더니 $3\frac{4}{15}$ kg이었습니다. 덜어 내기 전 통 안에 들어 있던 설탕 전체의 무게는 몇 kg인가요?

풀이

답 _____

6-3 유사 문제

6 쌀이 가득 들어 있는 쌀통의 무게를 재었더니 $7\frac{3}{8}$ kg이었습니다. 들어 있는 쌀의 반만큼을 덜어 내고 무게를 재었더니 $4\frac{5}{7}$ kg이었습니다. 빈 쌀통의 무게는 몇 kg인가요?

풀이

답 _____

7-1 유사 문제

1 어떤 일을 마칠 때까지 하빈이가 혼자서 하면 15일이 걸리고, 선주가 혼자서 하면 30일이 걸립니다. 이 일을 두 사람이 함께 한다면 일을 모두 마치는 데 며칠이 걸리나요? (단, 두 사람이 각자 하루에 하는 일의 양은 일정합니다.)

풀이

답 _____

7-2 유사 문제

2 건물을 청소하는 로봇이 있습니다. 건물 한 개를 모두 청소하는 데 ㉠ 로봇만 청소하면 9일이 걸리고, ㉡ 로봇만 청소하면 18일이 걸립니다. 건물 한 개를 모두 청소하는 데 두 로봇을 함께 사용한다면 청소를 모두 마치는 데 며칠이 걸리나요? (단, 두 로봇이 각각 하루에 하는 청소의 양은 일정합니다.)

풀이

답 _____

7-3 유사 문제

3 어떤 일을 마칠 때까지 지수가 혼자서 하면 4일이 걸리고, 우영이가 혼자서 하면 6일이 걸리고, 누리가 혼자서 하면 12일이 걸립니다. 이 일을 세 사람이 함께 한다면 일을 모두 마치는 데 며칠이 걸리나요? (단, 세 사람이 각자 하루에 하는 일의 양은 일정합니다.)

풀이

답 _____

8-1 유사 문제

4 형진이네 반은 직업 체험관에서 오전 10시 15분부터 소방관 체험과 경찰관 체험을 하고 있습니다. 소방관 체험을 $\frac{13}{20}$시간 동안 한 뒤 바로 경찰관 체험을 $\frac{7}{10}$시간 동안 해서 직업 체험을 마쳤다면 이때의 시각은 오전 몇 시 몇 분인가요?

풀이

답 _____

8-2 유사 문제

5 주연이가 뮤지컬 공연을 보러 공연장에 갔습니다. 오후 4시 30분부터 $\frac{3}{4}$시간 동안 뮤지컬 공연 1부를 보고 $\frac{1}{3}$시간 동안 쉰 후 $\frac{5}{6}$시간 동안 뮤지컬 공연 2부를 봤습니다. 2부가 끝나고 바로 공연장에서 나왔다면 주연이가 공연장에서 나온 시각은 오후 몇 시 몇 분인가요?

풀이

답 _____

8-3 유사 문제

6 원영이네 학교는 오전 9시에 1교시 수업을 시작하고, 각 교시의 수업 시간은 $\frac{2}{3}$시간씩, 쉬는 시간은 $\frac{1}{6}$시간씩입니다. 3교시가 끝나는 시각은 오전 몇 시 몇 분인가요?

풀이

답 _____

기출1 유사 문제

1 규리는 가지고 있는 페인트로 벽을 칠하는 데 전체의 $\frac{1}{4}$을 사용하고, 바닥을 칠하는 데 전체의 $\frac{5}{8}$를 사용하였더니 16 L가 남았습니다. 규리가 처음에 가지고 있던 페인트는 몇 L인가요?

풀이

답 _____

기출 변형

2 정후는 가지고 있는 귤의 $\frac{2}{3}$를 선생님께 드렸더니 18개가 남았고, 종범이는 가지고 있는 귤의 $\frac{5}{6}$를 친구들에게 주었더니 10개가 남았습니다. 두 사람 중 처음에 귤을 더 많이 가지고 있던 사람은 누구인가요?

풀이

답 _____

기출 2 유사 문제

3 다음 조건을 모두 만족하는 분수를 구하세요.

> · 기약분수가 아닌 진분수입니다.
> · 분모와 분자의 차는 20입니다.
> · 기약분수로 나타내면 분모와 분자의 합이 10입니다.

풀이

답 _____

기출 변형

4 다음 조건을 모두 만족하는 분수를 모두 구하세요.

> · 기약분수가 아닌 가분수입니다.
> · 분모와 분자의 차는 16입니다.
> · 기약분수로 나타내면 분모와 분자의 합이 14입니다.

풀이

답 _____

1-2 유사 문제

1 선아는 끈 81 cm를 겹치지 않게 모두 사용하여 크기가 같은 정구각형 3개를 만들었습니다. 정구각형의 한 변의 길이는 몇 cm인가요?

풀이

답 _____

1-3 유사 문제

2 정육각형 모양의 보석함과 윗면의 둘레가 같은 정사각형 모양의 보석함이 있습니다. 정육각형 모양의 보석함 윗면의 한 변의 길이가 10 cm일 때 정사각형 모양의 보석함 윗면의 넓이는 몇 cm²인가요?

풀이

답 _____

문해력 레벨 **3**

3 오른쪽과 같은 직사각형 모양의 액자와 둘레가 같은 정사각형 모양의 액자가 있습니다. 똑같은 정사각형 모양의 액자 4개의 넓이의 합은 몇 cm²인가요?

풀이

12 cm

10 cm

답 _____

2-1 유사 문제

4 건호는 집 마당에서 오리를 키우려고 둘레가 82 m인 직사각형 모양의 울타리를 설치하였습니다. 이 울타리의 세로가 가로보다 15 m 더 짧다면 가로는 몇 m인가요?

풀이

답 _____

2-2 유사 문제

5 둘레가 128 cm인 직사각형이 있습니다. 이 직사각형의 가로가 세로의 3배일 때 가로와 세로는 각각 몇 cm인가요?

풀이

답 가로: _____ , 세로: _____

2-3 유사 문제

6 둘레가 96 cm이고, 세로가 가로보다 8 cm 더 긴 직사각형 모양의 색종이가 있습니다. 이 색종이를 그림과 같이 반으로 잘라 크기가 같은 직사각형 2개를 만들었을 때 잘라 만든 직사각형 한 개의 둘레는 몇 cm인가요?

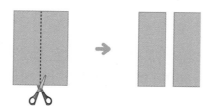

풀이

답 _____

3-1 유사 문제

1 한 개의 둘레가 32 cm인 정사각형 8개를 겹치지 않게 이어 붙여 오른쪽과 같은 도형을 만들었습니다. 만든 도형의 둘레는 몇 cm인가요?

풀이

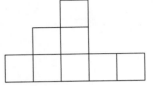

답 _____

3-2 유사 문제

2 정사각형 1개와 크기가 같은 정삼각형 3개를 겹치지 않게 이어 붙여 오른쪽과 같은 도형을 만들었습니다. 만든 도형의 둘레는 몇 cm인가요?

풀이

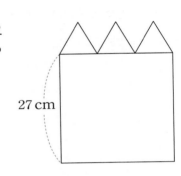

27 cm

답 _____

3-3 유사 문제

3 크기가 같은 직사각형 6개를 겹치지 않게 이어 붙여 오른쪽과 같은 정사각형을 만들었습니다. 만든 정사각형의 넓이가 144 cm²일 때 직사각형 한 개의 둘레는 몇 cm인가요?

풀이

답 _____

4-1 유사 문제

4 기용이는 오른쪽과 같은 도형을 그려 보았습니다. 도형의 둘레는 몇 cm인가요?

풀이

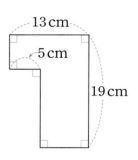

답 _____

4-2 유사 문제

5 희연이가 종이를 잘라 오른쪽과 같은 모양을 만들었습니다. 만든 모양의 둘레는 몇 cm인가요?

풀이

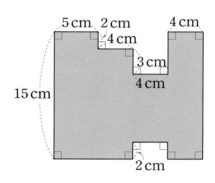

답 _____

4-3 유사 문제

6 한 변의 길이가 12 cm인 정사각형 2개를 겹쳐 오른쪽과 같은 도형을 만들었습니다. 겹쳐진 부분의 둘레가 16 cm인 정사각형일 때 만들어진 도형의 둘레는 몇 cm인가요?

풀이

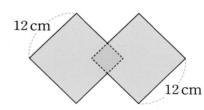

답 _____

5-1 유사 문제

1 어느 기차역에 오른쪽과 같은 직사각형 모양의 전광판이 있습니다. 전광판의 가로는 125 cm이고, 넓이는 1.05 m²일 때 전광판의 세로는 몇 cm인가요?

풀이

답 _____

5-2 유사 문제

2 두 대각선의 길이가 각각 36 cm, 9 cm인 마름모와 넓이가 같은 직사각형을 그리려고 합니다. 직사각형의 가로를 6 cm로 한다면 직사각형의 세로는 몇 cm로 해야 하나요?

풀이

답 _____

5-3 유사 문제

3 사다리꼴 ㄱㄴㄹㅁ을 사다리꼴 ㄱㄴㄷㅂ과 평행사변형 ㅂㄷㄹㅁ으로 나누었습니다. 평행사변형 ㅂㄷㄹㅁ의 넓이가 36 cm²일 때 사다리꼴 ㄱㄴㄹㅁ의 넓이는 몇 cm²인가요?

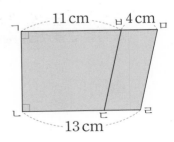

풀이

답 _____

6-1 유사 문제

4 오른쪽과 같이 마름모의 각 변의 가운데를 이어 직사각형을 그리면 마름모의 두 대각선의 길이는 각각 직사각형의 가로와 세로의 2배입니다. 색칠한 부분의 넓이는 몇 cm²인가요?

풀이

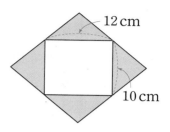

답 _____

6-2 유사 문제

5 정사각형 ㄱㄴㄷㅅ, 삼각형 ㄱㄴㄹ, 삼각형 ㄱㄴㅂ을 오른쪽과 같이 겹쳐 놓았습니다. 색칠한 부분의 넓이는 몇 cm²인가요? (단, 삼각형 ㄱㄴㄹ과 삼각형 ㄱㄴㅂ의 크기는 같습니다.)

풀이

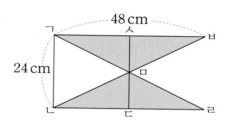

답 _____

6-3 유사 문제

6 크기가 다른 정사각형 4개를 이어 붙여 오른쪽과 같은 도형을 만들었습니다. 색칠한 부분의 넓이는 몇 cm²인가요?

풀이

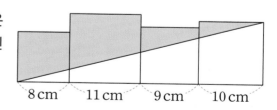

답 _____

7-1 유사 문제

1 오른쪽과 같이 탁자가 길게 붙어 있고, 긴 쪽에 사람이 3명씩 서 있습니다. 탁자가 10개 있다면 서 있는 사람은 모두 몇 명인가요?

풀이

답 _____

7-2 유사 문제

2 의자를 한쪽에 1개씩 놓을 수 있는 식탁을 그림과 같은 방법으로 붙여 놓으면서 의자를 놓고 있습니다. 식탁이 35개 있다면 의자는 몇 개 놓을 수 있나요?

풀이

답 _____

7-3 유사 문제

3 오른쪽과 같이 이쑤시개로 한 변을 공통으로 하는 정팔각형을 이어서 만들고 있습니다. 이쑤시개가 64개 있다면 만든 정팔각형은 몇 개인가요?

풀이

답 _____

8-1 유사 문제

4 희수는 5000원짜리 지폐와 1000원짜리 지폐를 합해서 10장 가지고 있습니다. 이 돈이 모두 38000원이라면 희수가 가지고 있는 5000원짜리 지폐와 1000원짜리 지폐는 각각 몇 장인가요?

풀이

답 5000원짜리 지폐: _____ , 1000원짜리 지폐: _____

8-2 유사 문제

5 호준이는 태국 화폐인 20바트짜리 지폐와 50바트짜리 지폐를 합해서 11장 가지고 있습니다. 이 돈이 모두 370바트라면 호준이가 가지고 있는 20바트짜리 지폐와 50바트짜리 지폐는 각각 몇 장인가요?

풀이

답 20바트짜리 지폐: _____ , 50바트짜리 지폐: _____

8-3 유사 문제

6 곰 인형은 한 개에 3000원, 토끼 인형은 한 개에 2500원입니다. 예린이는 곰 인형과 토끼 인형을 합해서 9개 사고, 25000원을 낸 후 거스름돈을 받았습니다. 곰 인형을 가능한 한 많이 샀다면 예린이가 산 곰 인형과 토끼 인형은 각각 몇 개인가요?

풀이

답 곰 인형: _____ , 토끼 인형: _____

기출1 유사 문제

1 다음과 같이 규칙에 따라 공깃돌을 놓고 있습니다. 15번째에 놓일 공깃돌에서 초록색 공깃돌과 노란색 공깃돌의 개수의 차는 몇 개인가요?

1번째   2번째   3번째

풀이

답 _____

기출 변형

2 다음과 같이 규칙에 따라 동전을 놓고 있습니다. 10번째에 놓일 동전의 금액의 합은 얼마인가요?

1번째   2번째   3번째

풀이

답 _____

기출 2 유사 문제

3 다음과 같이 넓이가 $2400 \, \text{m}^2$인 삼각형 ㄱㄴㄷ의 땅 안에 직사각형 모양의 화단을 만들었습니다. 화단의 넓이는 몇 m^2인가요?

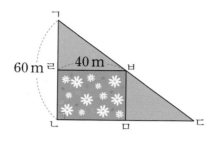

풀이

답 _____

기출 변형

4 오른쪽과 같이 넓이가 $576 \, \text{m}^2$인 삼각형 ㄱㄴㄷ의 땅 안에 가장 큰 정사각형 모양의 밭이 있습니다. 이 밭 전체 넓이의 $\frac{3}{4}$에 *비닐하우스를 세운다면 비닐하우스를 세운 부분의 넓이는 몇 m^2인가요?

풀이

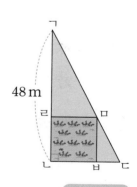

📖 문해력 어휘

비닐하우스: 채소를 빨리 자라게 하거나 열대 식물을 재배하기 위하여 비닐 필름을 씌운 온실

답 _____

立 身 揚 名

설 몸 오를 이름

입 신 양 명

'호랑이는 죽어서 가죽을 남기고,
사람은 죽어서 이름을 남긴다.'는 속담을 알고 있나요?
착하고 훌륭한 일을 하면 그 사람의 이름이 후세에까지 빛난다는 뜻인데,
'입신양명'도 같은 의미로 사용되는 말이랍니다.
열심히 공부하는 여러분! '입신양명'을 응원합니다.

해당 콘텐츠는 천재교육 '똑똑한 하루 독해'를 참고하여 제작되었습니다.
모든 공부의 기초가 되는 어휘력+독해력을 키우고 싶을 땐,
똑똑한 하루 독해&어휘를 풀어보세요!

뭘 좋아할지 몰라 다 준비했어♥
전과목 교재

전과목 시리즈 교재

●무등생 해법시리즈
– 국어/수학　　　　　　　　　1~6학년, 학기용
– 사회/과학　　　　　　　　　3~6학년, 학기용
– 봄·여름/가을·겨울　　　　　1~2학년, 학기용
– SET(전과목/국수, 국사과)　1~6학년, 학기용

●똑똑한 하루 시리즈
– 똑똑한 하루 독해　　　　예비초~6학년, 총 14권
– 똑똑한 하루 글쓰기　　　예비초~6학년, 총 14권
– 똑똑한 하루 어휘　　　　예비초~6학년, 총 14권
– 똑똑한 하루 수학　　　　1~6학년, 학기용
– 똑똑한 하루 계산　　　　예비초~6학년, 총 14권
– 똑똑한 하루 도형　　　　예비초~6단계, 총 8권
– 똑똑한 하루 사고력　　　1~6학년, 학기용
– 똑똑한 하루 사회/과학　3~6학년, 학기용
– 똑똑한 하루 봄/여름/가을/겨울　1~2학년, 총 8권
– 똑똑한 하루 안전　　　　1~2학년, 총 2권
– 똑똑한 하루 Voca　　　　3~6학년, 학기용
– 똑똑한 하루 Reading　　초3~초6, 학기용
– 똑똑한 하루 Grammar　　초3~초6, 학기용
– 똑똑한 하루 Phonics　　예비초~초등, 총 8권

●초등 문해력 독해가 힘이다 비문학편　3~6학년, 단계별

영어 교재

●초등영어 교과서 시리즈
파닉스(1~4단계)　　　　3~6학년, 학년용
회화(입문1~2, 1~6단계)　3~6학년, 학기용
영단어(1~4단계)　　　　3~6학년, 학년용
●셀파 English(어휘/회화/문법)　3~6학년
●Reading Farm(Level 1~4)　3~6학년
●Grammar Town(Level 1~4)　3~6학년
●LOOK BOOK 영단어　　3~6학년, 단행본
●원서 읽는 LOOK BOOK 영단어　3~6학년, 단행본
●멘토 Story Words　　　2~6학년, 총 6권

정답과 해설

5-A 문장제 수학편

천재교육

정답과 해설
포인트 3가지

▶ 혼자서도 이해할 수 있는 친절한 문제 풀이

▶ 문제 해결에 꼭 필요한 핵심 전략 제시

▶ 참고, 주의, 다르게 풀기 등 자세한 풀이 제시

1주 자연수의 혼합 계산

1주 준비학습 **6 ~ 7** 쪽

1 30, 11 ≫ 11
2 49, 41 ≫ 90−(15+34)=41
3 1200, 800 ≫ 800, 800원
4 42, 21 ≫ 14×3÷2=21
5 18, 3 ≫ 54÷(6×3)=3
6 10, 30 ≫ 50÷5×3=30, 30개
7 15, 4 ≫ 60÷(3×5)=4, 4상자

2 90에서 15와 34의 합을 뺀 수
└ 먼저 계산해야 할 부분

5 54를 6과 3의 곱으로 나눈 몫
└ 먼저 계산해야 할 부분

7 초콜릿 60개를 한 상자에 3개씩 5줄로 담으려고
합니다. └ 먼저 계산해야 할 부분

1주 준비학습 **8 ~ 9** 쪽

1 17, + / 32−17+21=36, 36개
2 11, 19 / 12+11−19=4, 4명
3 10, 30000 /
120÷10×30000=360000, 360000원
4 2, 5 / (8−2)×5=30, 30명
5 800 / 7500−(5000+800)=1700, 1700원
6 3, 2 / (11−3)÷2=4, 4개

5 7500−(5000+800)
=7500−5800=1700(원)

> **주의**
> ( ) 안을 먼저 계산해야 한다.

6 (11−3)÷2=8÷2=4(개)

1주 1일 **10 ~ 11** 쪽

문해력 문제 1

전략 ─

풀이 ❶ 8
❷ 8, 5

식 37−8×4=5

답 5명

1-1 28−12×2=4, 4명
1-2 26+27−6×7=11, 11명
1-3 24−(2+3)×4=4, 4개

1-1 ❶ 줄다리기한 학생 수를 구하는 식: 12×2
❷ (주호네 반 학생 수)−(줄다리기한 학생 수)를 구하자.
(응원을 한 학생 수)
=28−12×2
=28−24=4(명)

1-2 ❶ (어른 수)+(어린이 수)를 구하자.
기다리는 사람 수를 구하는 식: 26+27
❷ 모노레일을 탄 사람 수를 구하는 식: 6×7
❸ (모노레일을 아직 타지 못한 사람 수)
=26+27−6×7
=26+27−42
=53−42=11(명)

1-3 **전략**
준비한 전체 시험관 수 24개에서 실험군 4개의 시험관 수를 빼서 남은 시험관 수를 구하자.
24−(2+3)×4
└ 먼저 계산해야 할 식: 실험군 4개의 시험관 수

❶ (미생물 A를 넣은 시험관 수)
+(미생물 B를 넣은 시험관 수)로 쓰자.
한 실험군의 시험관 수를 구하는 식: 2+3
❷ (위 ❶에서 쓴 식)×(실험군 수)로 쓰자.
실험군 4개의 시험관 수를 구하는 식:
(2+3)×4
❸ (남은 시험관 수)
=24−(2+3)×4
=24−5×4
=24−20=4(개)

정답과 해설

문해력 문제 2

전략 2 / 5

풀기 ❶ 6

❷ 6, 2, 5, 11

식 (6+2)×2-5=11

답 11살

2-1 (5+3)×3-4=20, 20살

2-2 (11+4)×4+5=65, 65살

2-3 (3×2+1)×2-5=9, 9년

문해력 문제 2

전략

'더 먼저 태어났다.'는 것은 나이가 더 많다는 것임에 주의해서 식을 쓰고 계산한다.

2-1 ❶ 앵무새의 나이를 구하는 식: 5+3

❷ (거북의 나이)=(5+3)×3-4

=24-4

=20(살)

참고

강아지의 나이를 이용해 앵무새의 나이를 구하고, 앵무새의 나이를 이용해 거북의 나이를 구한다.

2-2 ❶ 4년 후 지후의 나이를 구하는 식: 11+4

❷ (4년 후 할머니의 나이)

=(11+4)×4+5

=60+5

=65(살)

주의

4년 후 할머니의 나이를 구해야 함에 주의한다.

2-3 ❶ A 배터리의 수명을 구하는 식: 3×2+1

❷ (C 배터리의 수명)

=(3×2+1)×2-5

=14-5

=9(년)

문해력 문제 3

전략 6

풀기 ❶ 19, 14

❷ 6 / 19, 14, 6, 27

식 19+14-6=27

답 27명

3-1 4+21-2=23, 23명

3-2 11+15-4=22, 22 m

3-3 200+150-13+85=422, 422명

3-1 ❶ 윷놀이를 한 학생 수와 세배를 한 학생 수의 합을 구하는 식: 4+21

❷ (둘 다 한 학생 수)=2명

(라희네 반 학생 수)

=4+21-2

=25-2=23(명)

주의

❶에서 윷놀이도 하고 세배도 한 학생 수가 포함되어 있으므로 그 학생 수만큼 빼야 라희네 반 학생 수를 구할 수 있다.

3-2 ❶ A 드론이 이동한 거리와 B 드론이 이동한 거리의 합을 구하는 식: 11+15

❷ (두 드론이 착륙한 곳 사이의 거리)=4 m

(두 드론을 띄운 곳 사이의 거리)

=11+15-4

=26-4=22 (m)

3-3 ❶ A 후보자를 지지하는 사람 수와 B 후보자를 지지하는 사람 수의 합을 구하는 식:

200+150

❷ (두 후보자를 모두 지지하는 사람 수)=13명

(두 후보자를 모두 지지하지 않는 사람 수)

=85명

(설문 조사에 참여한 사람 수)

=200+150-13+85

=350-13+85

=337+85=422(명)

문해력 문제 4

전략 2

풀이 ❶ 7, 2

❷ 42, 3

식 $42 \div (7 \times 2) = 3$

답 3시간

4-1 $108 \div (6 \times 3) = 6$, 6시간

4-2 $600 \div (155 \div 31) \div 60 = 2$, 2시간

4-3 $81 \div (12 + 15) \times 16 = 48$, 48분

4-1 ❶ 3대가 한 시간 동안 만드는 피자 수를 구하는 식:
6×3

❷ (3대가 피자 108판을 만드는 데 걸리는 시간)
$= 108 \div (6 \times 3)$
$= 108 \div 18$
$= 6(시간)$

참고
(만드는 데 걸리는 시간)
= (만들어야 할 전체 피자 수)
   ÷ (한 시간에 만드는 피자 수)

4-2 ❶ 고속 열차가 1분 동안 가는 거리를 구하는 식:
$155 \div 31$

❷ 600 km 거리를 가는 데 걸리는 시간은 몇 분
인지를 구하는 식: $600 \div (155 \div 31)$

❸ (600 km 거리를 가는 데 걸리는 시간)
$= 600 \div (155 \div 31) \div 60$
$= 600 \div 5 \div 60$
$= 2(시간)$

4-3 ❶ 한 번에 굽는 빵의 수를 구하는 식: $12 + 15$

❷ 오븐에 굽는 횟수를 구하는 식: $81 \div (12 + 15)$

❸ (걸리는 시간) $= 81 \div (12 + 15) \times 16$
$= 81 \div 27 \times 16$
$= 3 \times 16$
$= 48(분)$

문해력 문제 5

전략 ÷, ×

풀이 ❶ 3 / 3, 2

❷ 5000, 2800, 1600

식 $5000 - 900 \div 3 \times 2 - 2800 = 1600$

답 1600원

5-1 $5000 - 4500 \div 6 \times 4 - 1500 = 500$, 500원
(또는 $5000 - (4500 \div 6 \times 4 + 1500) = 500$)

5-2 $1500 + 3600 \div 3 \times 2 - 3000 = 900$, 900원

5-3 $10000 - 8000 \div 4 \times 3 - 6000 \div 5 \times 2 = 1600$,
1600원
(또는 $10000 - (8000 \div 4 \times 3 + 6000 \div 5 \times 2) = 1600$)

5-1 ❶ 감자 1인분의 가격을 구하는 식: $4500 \div 6$
➔ 감자 4인분의 가격을 구하는 식:
$4500 \div 6 \times 4$

❷ (남은 돈) $= 5000 - 4500 \div 6 \times 4 - 1500$
$= 5000 - 3000 - 1500$
$= 2000 - 1500 = 500(원)$

참고
5000원에서 감자 4인분의 가격과 양파 4인분의 가격
을 각각 차례로 빼거나 감자 4인분의 가격과 양파
4인분의 가격의 합을 구해 5000원에서 한꺼번에 뺄
수도 있다.

5-2 ❶ 소시지 1개의 가격을 구하는 식: $3600 \div 3$
➔ 소시지 2개의 가격을 구하는 식:
$3600 \div 3 \times 2$

❷ (모자란 돈)
$= 1500 + 3600 \div 3 \times 2 - 3000$
$= 1500 + 2400 - 3000$
$= 3900 - 3000 = 900(원)$

5-3 ❶ 만두 3개의 가격을 구하는 식: $8000 \div 4 \times 3$

❷ 튀김 2개의 가격을 구하는 식: $6000 \div 5 \times 2$

❸ (거스름돈)
$= 10000 - 8000 \div 4 \times 3 - 6000 \div 5 \times 2$
$= 10000 - 6000 - 2400$
$= 1600(원)$

문해력 문제 6

풀기 ❷ 3 / 3, 2

❸ 1800, 3, 2, 500

식 1800−(3750−1800)÷3×2=500

답 500 g

6-1 2900−(3900−2900)÷4×10=400, 400 g

6-2 725−(725−695)÷15×320=85, 85 g

6-3 128+(152−128)÷2=140, 140 cm

6-1 ❶ 치약 4개의 무게를 구하는 식: 3900−2900

❷ 치약 1개의 무게를 구하는 식:

(3900−2900)÷4

➡ 치약 10개의 무게를 구하는 식:

(3900−2900)÷4×10

❸ (상자만의 무게)

=2900−(3900−2900)÷4×10

=2900−1000÷4×10

=2900−2500

=400 (g)

6-2 ❶ 영양제 15알의 무게를 구하는 식: 725−695

❷ 영양제 1알의 무게를 구하는 식:

(725−695)÷15

➡ 영양제 320알의 무게를 구하는 식:

(725−695)÷15×320

❸ (통만의 무게)

=725−(725−695)÷15×320

=725−30÷15×320

=725−640

=85 (g)

6-3 ❶ 상자 2개의 높이를 구하는 식: 152−128

➡ 상자 1개의 높이를 구하는 식:

(152−128)÷2

❷ (바닥으로부터 상자 4개까지의 높이)

=128+(152−128)÷2

=128+24÷2

=128+12

=140 (cm)

문해력 문제 7

전략 ×, ÷

풀기 ❶ ×, ÷, 76

❷ ×, ÷, 76 / ×, 4 / ×, 72 / 8, 8

답 8

7-1 379 **7-2** 1600원 **7-3** 28

7-1 ❶ 어떤 수를 □라 하여 식 세우기:

(□+5)÷4−8×7=40

❷ 위 ❶의 식을 계산하여 □ 구하기

(□+5)÷4−8×7=40,

(□+5)÷4−56=40,

(□+5)÷4=96,

□+5=384, □=379

➡ 어떤 수: 379

참고

곱셈과 나눗셈의 관계를 이용한다.

7-2 ❶ 컵라면 1개의 값을 □원이라 했을 때 빵 3개와 컵라면 2개의 값을 구하는 식:

1500×3+□×2

❷ 10000−(1500×3+□×2)=2300,

1500×3+□×2=7700,

4500+□×2=7700,

□×2=3200, □=1600

➡ 컵라면 1개의 값: 1600원

7-3 ❶ 어떤 수를 □라 하여 잘못 계산한 식 세우기:

(45−□)×3+7=118

❷ 위 ❶의 식을 계산하여 □ 구하기

(45−□)×3+7=118,

(45−□)×3=111,

45−□=37, □=8

➡ 어떤 수: 8

❸ 바르게 계산한 값:

45−8×3+7=45−24+7

=28

1주 4일 24~25쪽

문해력 문제 8

전략 10 / 18000

풀기 ❶ 10

❷ 2500

❸ 2500 / 1500, 18000 / 1000 / 3 / 3

답 3편

8-1 4편　　**8-2** 2잔　　**8-3** 25일

8-1 ❶ 15분짜리 동영상 수: □
　　　 8분짜리 동영상 수: 13-□

❷ 15분짜리 총 상영 시간: 15×□
　 8분짜리 총 상영 시간: 8×(13-□)

❸ 15×□+8×(13-□)=132,
　 15×□+8×13-8×□=132,
　 7×□+104=132,
　 7×□=28,
　 □=4 ➜ 15분짜리 동영상 수: 4편

8-2 ❶ 생과일주스 수: □, 에이드 수: 5-□

❷ 생과일주스 전체 금액: 6000×□
　 에이드 전체 금액: 4500×(5-□)

❸ 30000-(6000×□+4500×(5-□))=4500,
　 6000×□+4500×(5-□)=25500,
　 6000×□+4500×5-4500×□=25500,
　 6000×□-4500×□=3000,
　 1500×□=3000,
　 □=2 ➜ 생과일주스 수: 2잔

8-3 ❶ 40분씩 독서한 날수: □,
　　　 30분씩 독서한 날수: 31-□

❷ 40분씩 총 독서 시간: 40×□
　 30분씩 총 독서 시간: 30×(31-□)

❸ 40×□+30×(31-□)=1170,
　 40×□+30×31-30×□=1170,
　 930+10×□=1170,
　 10×□=240, □=24

❹ 24일까지 40분씩 독서했으므로 독서 시간을 30분으로 바꾸기 시작한 날은 25일이다.

1주 5일 26~27쪽

기출 1

❶ (36-□)÷3×4=32

❷ (36-□)÷3×4=32, (36-□)÷3=8,
　 36-□=24, □=12
　 ➜ 어떤 수: 12

❸ (36+12)×3÷4=48×3÷4=144÷4=36

답 36

기출 2

❶ 12, 180 / 180÷12=15(초)

❷ 15×15=225(초)

❸ 11 / 11 / 15×11+18×11=363(초)

❹ 225, 363, 588

답 588초

1주 6일 28~29쪽

창의 3

❶ 246

❷ 53+9×(4-6÷3)=71

답 (53+9)×4-6÷3=246

창의 4

❶ 8×10 / 8×10÷2

❷ 8×10÷2×3 / 8×10÷2×3÷2=60 (g)

답 60 g

창의 3

전략
계산 결과가 가장 커야 하므로 곱셈 기호를 기준으로 앞쪽 수 또는 뒤쪽 수를 ( )로 묶어 계산하자.

창의 4

두 저울에 공통으로 거울이 놓여 있으므로 주어진 립밤의 무게를 이용하여 거울의 무게를 구하면 핸드크림의 무게를 구할 수 있다.

1주 주말 TEST 30~33쪽

1 $53-8\times6=5$, 5명

2 $225+76-4=297$, 297명

3 $(100+100)\times2+50=450$, 450살

4 $1260\div(35\times6)=6$, 6분

5 $(10+5)\times3+2=47$, 47살

6 $5000-1000\div5\times3-800=3600$, 3600원
(또는 $5000-(1000\div5\times3+800)=3600$)

7 $1100-(1200-1100)\div10\times90=200$, 200 g

8 6

9 4만 원

10 7곡, 13곡

---

1 ❶ 물 위에 뜨는 연습을 한 학생 수를 구하는 식:
8×6

❷ (숨 쉬는 연습을 한 학생 수)
$=53-8\times6=5$(명)

2 ❶ 양약을 먹는 학생 수와 한약을 먹는 학생 수의
합을 구하는 식: $225+76$

❷ (양약도 먹고 한약도 먹는 학생 수)$=4$명
(성민이네 학교 학생 수)
$=225+76-4=297$(명)

3 ❶ 사랑동의 나무 나이를 구하는 식: $100+100$

❷ (쪽빛동의 나무 나이)
$=(100+100)\times2+50$
$=200\times2+50=450$(살)

4 ❶ 1분 동안의 타수를 구하는 식: 35×6

❷ (1260타를 치는 데 걸리는 시간)
$=1260\div(35\times6)$
$=1260\div210=6$(분)

5 ❶ 5년 후 도윤이의 나이를 구하는 식: $10+5$

❷ (5년 후 어머니의 나이)
$=(10+5)\times3+2$
$=15\times3+2$
$=45+2=47$(살)

6 ❶ 붕어빵 1개의 가격을 구하는 식: $1000\div5$
➡ 붕어빵 3개의 가격을 구하는 식:
$1000\div5\times3$

❷ (남은 돈)$=5000-1000\div5\times3-800$
$=5000-600-800=3600$(원)

7 ❶ 젤리 10봉지의 무게를 구하는 식:
$1200-1100$

❷ 젤리 1봉지의 무게를 구하는 식:
$(1200-1100)\div10$
➡ 젤리 90봉지의 무게를 구하는 식:
$(1200-1100)\div10\times90$

❸ (통만의 무게)
$=1100-(1200-1100)\div10\times90$
$=1100-100\div10\times90$
$=1100-900=200$ (g)

8 ❶ 어떤 수를 □라 하여 식 세우기:
$84+(54-□)\div8-33\div3=79$

❷ $84+(54-□)\div8-33\div3=79$,
$84+(54-□)\div8-11=79$,
$(54-□)\div8=6$,
$54-□=48$, $□=6$
➡ 어떤 수: 6

9 ❶ 어린이 1명의 이용 요금을 □원이라 했을 때
성인 2명과 어린이 3명의 이용 요금을 구하는
식: $5만\times2+□\times3$

❷ $25만-(5만\times2+□\times3)=3만$,
$5만\times2+□\times3=22만$,
$10만+□\times3=22만$,
$□\times3=12만$, $□=4만$
➡ 어린이 1명의 이용 요금: 4만 원

10 ❶ 평생 듣기권 곡 수: □,
한 달 듣기권 곡 수: $20-□$

❷ 평생 듣기권 전체 금액: $800\times□$
한 달 듣기권 전체 금액: $500\times(20-□)$

❸ $800\times□+500\times(20-□)=12100$,
$800\times□+500\times20-500\times□=12100$,
$300\times□+10000=12100$,
$300\times□=2100$, $□=7$

❹ 평생 듣기권 곡 수: 7곡
한 달 듣기권 곡 수: $20-7=13$(곡)

2주 약수와 배수

1 » 1, 2, 4

2 1, 2, 3, 6 » 6의 약수 / 1, 2, 3, 6

3 5, 10, 15 » 5, 10, 15

4 7, 14, 21 » 7, 14, 21

5 (위에서부터) 5, 2, 3 / 5 » 5

6 (위에서부터) 7, 4, 5 / 7
　　» 28과 35의 최대공약수 / 7명

7 (위에서부터) 3, 3, 7 / 3, 3, 7, 63
　　» 9와 21의 최소공배수 / 63일 후

1 3가지

2 2시 10분

3 8가지

4 9시 18분

5 (위에서부터) 2, 4, 5 / 40분 후

6 27과 36의 최대공약수 /

　3)27　36　/ 9개
　3) 9　12
　　　3　　4

7 30과 40의 최소공배수 / 2)30　40　/ 120일 후
　　　　　　　　　　　　5)15　20
　　　　　　　　　　　　　3　　4

3 24를 남김없이 똑같이 나누는 수는 24의 약수이다. 24의 약수는 1, 2, 3, 4, 6, 8, 12, 24로 초콜릿을 상자에 똑같이 나누어 담는 방법은 1개, 2개, 3개, 4개, 6개, 8개, 12개, 24개로 모두 8가지이다.

4 6의 배수: 6, 12, 18, …
　➡ 버스가 네 번째로 출발하는 시각: 오전 9시 18분

문해력 문제 1

풀이 ❶ 18, 24, 30, 36 / 6

❷ 21, 28, 35 / 5

❸ 6, 5, 11

답 11번

1-1 12개　　　**1-2** 재석, 2번　　**1-3** 5번

1-1 ❶ 5의 배수: 5, 10, 15, 20, 25, 30, 35, 40
　　➡ 그린 ★의 개수: 8개
❷ 9의 배수: 9, 18, 27, 36
　　➡ 그린 ♥의 개수: 4개
❸ (나연이가 그린 ★과 ♥의 개수)
　　=8+4=12(개)

1-2 ❶ 재석이가 5월에 수영장에 간 횟수 구하기
　　4의 배수: 4, 8, 12, 16, 20, 24, 28
　　➡ 재석이가 수영장에 간 횟수: 7번
❷ 주미가 5월에 수영장에 간 횟수 구하기
　　6의 배수: 6, 12, 18, 24, 30
　　➡ 주미가 수영장에 간 횟수: 5번
❸ 재석이가 주미보다 7-5=2(번) 더 많이 가게 된다.

> 참고
> 5월은 31일까지 있으므로 31까지의 수 중에서 4의 배수와 6의 배수를 각각 찾는다.

1-3 ❶ 3의 배수: 3, 6, 9, 12, 15, 18, 21, 24, 27, 30
　　➡ 지희가 피아노 학원에 간 횟수: 10번
❷ 3과 2의 공배수: 6, 12, 18, 24, 30
　　➡ 두 사람이 동시에 피아노 학원에 간 횟수: 5번
❸ (두 사람 중에 지희만 피아노 학원에 간 횟수)
　　=10-5=5(번)

> 주의
> 3의 배수와 2의 배수에는 3과 2의 공배수가 중복되므로 3과 2의 공배수의 개수만큼 빼야 한다.

정답과 해설

문해력 문제 2

전략 최소공배수에 ○표

풀이 ❶ 5) 15   10   / 30 / 30
           3   2

❷ 30, 9, 30

답 9시 30분

2-1 4월 6일   **2-2** 80초   **2-3** 3번

2-1 ❶ 2) 12   18
        3) 6   9
            2   3

➡ 12와 18의 최소공배수: 36
➡ 두 채소에 36일마다 동시에 물을 준다.

❷ 바로 다음번에 두 채소에 동시에 물을 주는 날은 3월 1일에서 36일 후인 4월 6일이다.

2-2 ❶ 노란색 전구는 9+7=16(초)마다 켜지고 빨간색 전구는 12+8=20(초)마다 켜진다.

❷ 2) 16   20
    2) 8   10
          4   5

➡ 16과 20의 최소공배수: 80
➡ 두 전구가 바로 다음번에 동시에 켜지기까지 걸리는 시간은 80초이다.

2-3 ❶ 3) 9   12
          3   4

➡ 9와 12의 최소공배수: 36
➡ 두 사람은 출발점에서 36분 후에 처음으로 만난다.

❷ 두 사람은 출발점에서 36분 후, 72분 후, 108분 후에 만난다.

❸ 두 사람은 2시간 동안 출발점에서 3번 만난다.

주의
두 사람이 출발 후 2시간 동안 출발점에서 몇 번 만나는지 구하는 것이므로 120분이 지난 후는 구하지 않도록 주의한다.

문해력 문제 3

전략 최대공약수에 ○표

풀이 ❶ 72 / 90

❷ 2) 72   90   / 18 / 18
    3) 36   45
    3) 12   15
         4   5

답 18명

3-1 21명   **3-2** 10   **3-3** 28명

3-1 ❶ (실제로 나누어 준 도화지 수)
     =65−2=63(장)
    (실제로 나누어 준 색연필 수)
     =88−4=84(자루)

❷ 3) 63   84
    7) 21   28
         3   4

➡ 63과 84의 최대공약수: 21
➡ 최대 21명에게 똑같이 나누어 주었다.

3-2 ❶ 92−2=90, 73−3=70

❷ 2) 90   70
    5) 45   35
         9   7

➡ 90과 70의 최대공약수: 10
➡ 어떤 수가 될 수 있는 수 중에서 가장 큰 수: 10

3-3 ❶ (실제로 필요한 음료수 수)=80+4=84(개)
    (실제로 필요한 햄버거 수)=59−3=56(개)

❷ 2) 84   56
    2) 42   28
    7) 21   14
         3   2

➡ 84와 56의 최대공약수: 28
➡ 최대 28명에게 똑같이 나누어 주려고 했다.

문해력 문제 4

전략 최소공배수에 ○표

풀기 ❶ 2)6   8 / 24
       3   4

❷ 24, 2, 26

답 26명

4-1 145개   **4-2** 183   **4-3** 139명

4-1 ❶ 2) 20   28
      2) 10   14
          5   7

➜ 20과 28의 최소공배수: 140

❷ 윤후네 가족이 딴 사과는 적어도
140＋5＝145(개)이다.

참고
'적어도' 몇 개인지 구하는 문제이므로 최소공배수를
이용한다.

4-2 ❶ 2) 20   36
      2) 10   18
          5   9

➜ 20과 36의 최소공배수: 180

❷ 어떤 수가 될 수 있는 수 중에서 가장 작은 수
는 180＋3＝183이다.

4-3 ❶ 3) 15   9
         5   3

➜ 15와 9의 최소공배수: 45

❷ 45＋4＝49, 45×2＋4＝94,
45×3＋4＝139, 45×4＋4＝184, ...

➜ 5학년 학생 수는 100명보다 많고 150명보
다 적으므로 139명이다.

주의
(5학년 학생 수)
＝(15와 9의 최소공배수의 배수)＋(줄을 섰을 때 남은
학생 수)로 구한다.
남은 학생 4명을 빠뜨리지 않고 반드시 더하도록 주
의한다.

문해력 문제 5

전략 최소공배수에 ○표

풀기 ❶ 2) 12   16 / 48
      2) 6   8
         3   4

❷ 48

답 48 cm

5-1 168 cm   **5-2** 280 cm   **5-3** 15장

5-1 ❶ 2) 24   42
      3) 12   21
          4   7

➜ 24와 42의 최소공배수: 168

❷ 가장 작은 정사각형의 한 변의 길이: 168 cm

5-2 ❶ 2) 20   28
      2) 10   14
          5   7

➜ 20과 28의 최소공배수: 140

❷ 가장 작은 정사각형의 한 변의 길이: 140 cm
➜ 두 번째로 작은 정사각형의 한 변의 길이:
140×2＝280 (cm)

5-3 ❶ 2) 30   18
      3) 15   9
          5   3

➜ 30과 18의 최소공배수: 90

➜ 가장 작은 정사각형의 한 변의 길이: 90 cm

❷ (가로에 이어 붙이는 타일 수)＝90÷30＝3(장)
(세로에 이어 붙이는 타일 수)＝90÷18＝5(장)
➜ (필요한 타일 수)＝3×5＝15(장)

참고
(필요한 타일 수)＝(가로에 이어 붙이는 타일 수)
×(세로에 이어 붙이는 타일 수)

2주 3일 50~51쪽

문해력 문제 6

전략 최대공약수에 ○표

풀기 ❶
```
2) 60  28   / 4
 2) 30  14
    15   7
```

❷ 4 **답** 4 cm

6-1 8 cm   **6-2** 35장   **6-3** 22개

6-1 ❶
```
2) 40  32
2) 20  16
2) 10   8
    5   4
```
➜ 40과 32의 최대공약수: 8
❷ 가장 큰 정사각형의 한 변의 길이: 8 cm

6-2 ❶
```
3) 63  45
3) 21  15
    7   5
```
➜ 63과 45의 최대공약수: 9
➜ 가장 큰 정사각형의 한 변의 길이: 9 cm
❷ (가로를 잘라 나오는 정사각형 수)
$=63 \div 9 = 7$(장)
(세로를 잘라 나오는 정사각형 수)
$=45 \div 9 = 5$(장)
➜ (만들 수 있는 가장 큰 정사각형 수)
$=7 \times 5 = 35$(장)

6-3 ❶
```
2) 30  54  42
3) 15  27  21
    5   9   7
```
➜ 30, 54, 42의 최대공약수: 6
➜ 기둥과 기둥 사이의 간격: 6 m
❷ (울타리의 전체 길이)
$=30+54+42=126$ (m)
❸ 전체 길이 126 m에 6 m 간격으로 처음과 끝을 포함하여 기둥을 세워야 하므로 기둥은 적어도 $126 \div 6 + 1 = 22$(개)가 필요하다.

> **참고**
> 기둥을 가장 적게 사용하려면 기둥 사이의 간격을 가장 크게 해야 한다.

2주 4일 52~53쪽

문해력 문제 7

전략 최소공배수에 ○표

풀기 ❶
```
2) 20  30   / 60 / 60
5) 10  15
    2   3
```

❷ 60, 3 **답** 3바퀴

7-1 4바퀴   **7-2** 10바퀴, 7바퀴

7-3 15분

7-1 ❶
```
2) 16  28
2)  8  14
    4   7
```
➜ 16과 28의 최소공배수: 112
➜ 두 톱니가 각각 112개씩 움직였을 때 다시 만난다.
❷ ㉡ 톱니바퀴는 적어도 $112 \div 28 = 4$(바퀴)를 돌아야 한다.

7-2 ❶
```
2) 42  60
3) 21  30
    7  10
```
➜ 42와 60의 최소공배수: 420
➜ 두 톱니가 각각 420개씩 움직였을 때 다시 만난다.
❷ ㉠ 톱니바퀴는 적어도 $420 \div 42 = 10$(바퀴)를 돌아야 한다.
㉡ 톱니바퀴는 적어도 $420 \div 60 = 7$(바퀴)를 돌아야 한다.

7-3 ❶
```
3) 27  45
3)  9  15
    3   5
```
➜ 27과 45의 최소공배수: 135
➜ 두 톱니가 각각 135개씩 움직였을 때 다시 만난다.
❷ ㉮ 톱니바퀴는 적어도 $135 \div 27 = 5$(바퀴)를 돌아야 한다.
❸ 처음에 맞물렸던 두 톱니가 다시 만날 때까지 걸리는 시간은 적어도 $3 \times 5 = 15$(분)이다.

문해력 문제 8

풀이 ❶ 5

❷ 7

❸ 7, 56

답 56

8-1 126

8-2 144, 180

8-3 245

8-1 ❶
$$14) \overline{\quad ㉠ \quad 56\quad}$$
$$\quad\quad\quad ■ \quad\quad 4$$

❷ ㉠과 56의 최소공배수: $14 \times ■ \times 4 = 504$

➡ $56 \times ■ = 504$, $■ = 9$

❸ ㉠ $= 14 \times ■$

$\quad = 14 \times 9$

$\quad = 126$

8-2 ❶
$$36) \overline{\quad ㉠ \quad\quad ㉡\quad}$$
$$\quad\quad\quad ■ \quad\quad 5$$

❷ ㉠과 ㉡의 최소공배수: $36 \times ■ \times 5 = 720$

➡ $180 \times ■ = 720$, $■ = 4$

❸ ㉠ $= 36 \times ■ = 36 \times 4 = 144$

$\quad ㉡ = 36 \times 5 = 180$

8-3 **전략**

> 두 자연수를 최대공약수로 나누어 나타낸 다음 최소
> 공배수를 구하는 식을 세워 보자.

❷ ㉠과 ㉡의 최소공배수: $35 \times ■ \times ▲ = 245$

$\quad\quad\quad\quad\quad ➡ ■ \times ▲ = 7$

❸ ㉠ < ㉡이므로 ■ < ▲이다.

➡ $■ \times ▲ = 7$이므로 $■ = 1$, $▲ = 7$이다.

❹ ㉡ $= 35 \times ▲ = 35 \times 7 = 245$

기출 1

❶ 배수에 ○표 / 배수에 ○표 / 공배수에 ○표

❷ 최소공배수에 ○표 /
$$2) \overline{12 \quad 20}\;/\;60\;/\;60$$
$$\quad 2) \overline{6 \quad 10}$$
$$\quad\quad\quad 3 \quad\quad 5$$

답 60

기출 2

❶ 8 / 1 / $50 \times 8 + 45 \times 1 = 445$(개)

❷ 1 / 8 / $50 \times 1 + 45 \times 8 = 410$(개)

❸ 배수에 ○표 / 440 / 440, 435

답 435개

창의 3

❶ 20, 40, 60, 80, 4

❷ 보라색이 되는 곳: 35 cm, 70 cm

➡ 2군데

❸ (분홍색이 되는 곳의 수) + (보라색이 되는 곳의 수)

$\quad = 4 + 2 = 6$(군데)

답 6군데

융합 4

❶
$$2) \overline{10 \quad 12}\;/\;60\;/\;60$$
$$\quad\quad 5 \quad\quad 6$$

❷ 예 $1905 + 60 = 1965$(년), $1965 + 60 = 2025$(년),

$2025 + 60 = 2085$(년), $2085 + 60 = 2145$(년), ...

이다. 따라서 1905년 이후부터 2100년까지 을사

년은 3번 있다.

답 3번

창의 3

주의

> 종이띠의 시작점과 끝점에는 섞인 물감이 만들어지지
> 않는다.

2주 주말TEST 60~63쪽

1 10번	**2** 6 cm
3 280 cm	**4** 6월 22일
5 27명	**6** 203개
7 3바퀴	**8** 30장
9 70	**10** 2분 40초

1 ❶ 4의 배수: 8, 12, 16, 20, 24, 28, 32
➡ 한 손을 든 횟수: 7번
❷ 9의 배수: 9, 18, 27
➡ 한 발을 든 횟수: 3번
❸ (태리가 한 손을 들거나 한 발을 든 횟수)
$=7+3=10$(번)

2 ❶
```
2) 48  42
3) 24  21
    8   7
```
➡ 48과 42의 최대공약수: 6
❷ 가장 큰 정사각형의 한 변의 길이: 6 cm

3 ❶
```
2) 56  70
7) 28  35
    4   5
```
➡ 56과 70의 최소공배수: 280
❷ 가장 작은 정사각형의 한 변의 길이: 280 cm

4 ❶
```
2) 16  24
2)  8  12
2)  4   6
    2   3
```
➡ 16과 24의 최소공배수: 48
➡ 두 사람은 48일마다 함께 봉사 활동을 한다.
❷ 바로 다음번에 두 사람이 함께 봉사 활동을 하는 날: 5월 5일에서 48일 후인 6월 22일이다.

5 ❶ (실제로 나누어 준 초콜릿 수)$=86-5=81$(개)
(실제로 나누어 준 사탕 수)$=60-6=54$(개)
❷
```
3) 81  54
3) 27  18
3)  9   6
    3   2
```
➡ 81과 54의 최대공약수: 27
➡ 최대 27명에게 똑같이 나누어 주었다.

6 ❶
```
2) 40  50
5) 20  25
    4   5
```
➡ 40과 50의 최소공배수: 200
❷ 시혁이가 가지고 있는 블록은 적어도
$200+3=203$(개)이다.

7 ❶
```
2) 36  48
2) 18  24
3)  9  12
    3   4
```
➡ 36과 48의 최소공배수: 144
➡ 두 톱니가 각각 144개씩 움직였을 때 다시 만난다.
❷ ㉡ 톱니바퀴는 적어도 $144÷48=3$(바퀴)를 돌아야 한다.

8 ❶
```
7) 35  42
    5   6
```
➡ 35와 42의 최대공약수: 7
➡ 가장 큰 정사각형의 한 변의 길이: 7 cm
❷ (가로를 잘라 나오는 정사각형 수)
$=35÷7=5$(장)
(세로를 잘라 나오는 정사각형 수)
$=42÷7=6$(장)
➡ (만들 수 있는 가장 큰 정사각형 수)
$=5×6=30$(장)

9 ❶
```
5) 25  ㉠
    5   ▲
```
❷ 25와 ㉠의 최소공배수: $5×5×▲=350$
➡ $25×▲=350$, $▲=14$
❸ ㉠$=5×▲=5×14=70$

10 ❶ **가** 등대는 $11+9=20$(초)마다 켜지고
나 등대는 $20+12=32$(초)마다 켜진다.
❷
```
2) 20  32
2) 10  16
    5   8
```
➡ 20과 32의 최소공배수: 160
➡ 두 등대가 바로 다음번에 동시에 켜지기까지 걸리는 시간은 160초이다.
❸ 160초$=120$초$+40$초$=2$분 40초

3주 약분과 통분/분수의 덧셈과 뺄셈

3주 준비학습 66~67쪽

1 1 » $\dfrac{1}{4}$

2 3 » $\dfrac{3}{4}$

3 > » 리안

4 < » 고양이

5 6, $\dfrac{7}{8}$ » $\dfrac{7}{8}$ / $\dfrac{7}{8}$ m

6 8, 3, $2\dfrac{11}{18}$ » $1\dfrac{4}{9}+1\dfrac{1}{6}=2\dfrac{11}{18}$ / $2\dfrac{11}{18}$ kg

7 15, 14, $2\dfrac{1}{20}$ » $7\dfrac{3}{4}-5\dfrac{7}{10}=2\dfrac{1}{20}$ / $2\dfrac{1}{20}$ L

5 (한 도막의 길이)+(다른 한 도막의 길이)

$=\dfrac{3}{4}+\dfrac{1}{8}=\dfrac{6}{8}+\dfrac{1}{8}=\dfrac{7}{8}$ (m)

7 (처음에 있던 페인트의 양)−(사용한 페인트의 양)

$=7\dfrac{3}{4}-5\dfrac{7}{10}=7\dfrac{15}{20}-5\dfrac{14}{20}=2\dfrac{1}{20}$ (L)

3주 준비학습 68~69쪽

1 10, <, 27 / 연재

2 병원

3 또또

4 $2\dfrac{5}{7}+\dfrac{1}{2}=3\dfrac{3}{14}$ / $3\dfrac{3}{14}$ L

5 $2\dfrac{3}{5}-1\dfrac{4}{9}=1\dfrac{7}{45}$ / $1\dfrac{7}{45}$ L

6 $4\dfrac{3}{4}+2\dfrac{5}{12}=7\dfrac{1}{6}$ / $7\dfrac{1}{6}$ cm

7 $\dfrac{5}{8}-\dfrac{3}{14}=\dfrac{23}{56}$ / $\dfrac{23}{56}$ m

2 $1\dfrac{5}{8}\left(=1\dfrac{25}{40}\right)<1\dfrac{7}{10}\left(=1\dfrac{28}{40}\right)$

3 $\dfrac{11}{20}\left(=\dfrac{77}{140}\right)<\dfrac{9}{14}\left(=\dfrac{90}{140}\right)$

4 (어제 마신 물의 양)

   +(어제보다 더 많이 마신 물의 양)

$=2\dfrac{5}{7}+\dfrac{1}{2}=2\dfrac{10}{14}+\dfrac{7}{14}=2\dfrac{17}{14}=3\dfrac{3}{14}$ (L)

5 (㉠의 들이)−(㉡의 들이)

$=2\dfrac{3}{5}-1\dfrac{4}{9}=2\dfrac{27}{45}-1\dfrac{20}{45}=1\dfrac{7}{45}$ (L)

6 (가로)+(세로)

$=4\dfrac{3}{4}+2\dfrac{5}{12}=4\dfrac{9}{12}+2\dfrac{5}{12}=6\dfrac{14}{12}$

$=7\dfrac{2}{12}=7\dfrac{1}{6}$ (cm)

7 (노란색 털실의 길이)−(파란색 털실의 길이)

$=\dfrac{5}{8}-\dfrac{3}{14}=\dfrac{35}{56}-\dfrac{12}{56}=\dfrac{23}{56}$ (m)

3주 1일 70~71쪽

문해력 문제 1

전략 − / 밤, 하루

풀기 **①** 24, −, 10 **②** 10, $\dfrac{5}{12}$

답 $\dfrac{5}{12}$

1-1 $\dfrac{7}{15}$ **1-2** $\dfrac{8}{15}$ **1-3** $\dfrac{2}{5}$

1-1 **①** (6월에 물을 주지 않은 날수)

$=30-16=14$(일)

② 물을 주지 않은 날수는 6월 전체 날수의

$\dfrac{14}{30}=\dfrac{7}{15}$이다.

1-2 전략

전체 꽃은 모두 몇 송이인지 구한 다음 장미 수는 전체 꽃 수의 몇 분의 몇인지 구한다.

① (전체 꽃 수)$=48+26+16=90$(송이)

② 장미 수는 전체 꽃 수의 $\dfrac{48}{90}=\dfrac{8}{15}$이다.

1-3 **①** (남은 색종이 수)$=65-20-19=26$(장)

② 남은 색종이 수는 처음 색종이 수의 $\dfrac{26}{65}=\dfrac{2}{5}$이다.

문해력 문제 2

전략 40

풀기 ② 8, 5   ③ 5, 5, $\dfrac{15}{25}$

답 $\dfrac{15}{25}$

2-1 $\dfrac{20}{36}$ 2-2 $\dfrac{36}{84}$ 2-3 $\dfrac{40}{56}$

문해력 문제 2

① 어떤 분수는 기약분수와 크기가 같은 분수이므로

$\dfrac{3}{5}$ 분모와 분자에 같은 수(●) 곱하기 → $\dfrac{3 \times ●}{5 \times ●}$

로 나타낼 수 있다.

2-1 ① 어떤 분수를 $\dfrac{5 \times ●}{9 \times ●}$ 로 나타내면

② $9 \times ● + 5 \times ● = 56$

$14 \times ● = 56$

$● = 4$

③ (어떤 분수) $= \dfrac{5 \times 4}{9 \times 4} = \dfrac{20}{36}$

2-2 ① 어떤 분수를 $\dfrac{3 \times ●}{7 \times ●}$ 로 나타내면

② $7 \times ● - 3 \times ● = 48$

$4 \times ● = 48$

$● = 12$

③ (어떤 분수) $= \dfrac{3 \times 12}{7 \times 12} = \dfrac{36}{84}$

2-3 전략

새로 만든 분수를 먼저 구하고, 이 분수는 은서가 생각한 분수의 분자에 8을 더한 것이므로 새로 만든 분수의 분자에서 8을 빼어 은서가 생각한 분수를 구한다.

① 새로 만든 분수를 $\dfrac{6 \times ●}{7 \times ●}$ 로 나타내면

② $7 \times ● + 6 \times ● = 104$

$13 \times ● = 104$

$● = 8$

③ (새로 만든 분수) $= \dfrac{6 \times 8}{7 \times 8} = \dfrac{48}{56}$

④ (은서가 생각한 분수) $= \dfrac{48 - 8}{56} = \dfrac{40}{56}$

문해력 문제 3

풀기 ① 28, 7   ② 7, <, 바다

답 바다

3-1 가을   3-2 도서관

3-3 아몬드, 땅콩, 호두

3-1 ① $0.1 = \dfrac{1}{10}$

② $\dfrac{1}{10} = \dfrac{10}{100}$, $\dfrac{4}{25} = \dfrac{16}{100}$ → $\dfrac{10}{100} < \dfrac{16}{100}$ 이므로 강우량이 더 많은 계절은 가을이다.

다르게 풀기

① $\dfrac{4}{25}$ 를 소수로 나타내기

$\dfrac{4}{25} = \dfrac{16}{100} = 0.16$

② 봄과 가을의 강우량 비교하기

$0.1 < 0.16$ 이므로 강우량이 더 많은 계절은 가을이다.

3-2 ① $1.4 = 1\dfrac{4}{10}$

② $1\dfrac{3}{10} = 1\dfrac{27}{90}$, $1\dfrac{4}{10} = 1\dfrac{36}{90}$, $1\dfrac{7}{9} = 1\dfrac{70}{90}$

→ $1\dfrac{27}{90} < 1\dfrac{36}{90} < 1\dfrac{70}{90}$ 이므로 학교에서 가장 가까운 곳은 도서관이다.

참고

$1\dfrac{3}{10}$, $1\dfrac{4}{10}$, $1\dfrac{7}{9}$ 을 통분할 때 두 분수 $1\dfrac{3}{10}$ 과 $1\dfrac{4}{10}$ 의 분모가 같으므로 두 분모 10과 9의 최소공배수를 공통분모로 하여 통분하면 된다.

→ 10과 9의 최소공배수: 90

3-3 ① $4.3 = 4\dfrac{3}{10}$

② $4\dfrac{1}{12} = 4\dfrac{5}{60}$, $4\dfrac{9}{10} = 4\dfrac{54}{60}$, $4\dfrac{3}{10} = 4\dfrac{18}{60}$

→ $4\dfrac{5}{60} < 4\dfrac{18}{60} < 4\dfrac{54}{60}$ 이므로 무게가 가벼운 것부터 차례로 쓰면 아몬드, 땅콩, 호두이다.

참고

가벼운 것부터 차례로 써야 하므로 수가 작은 것부터 차례로 쓴다.

문해력 문제 4

전략 24, 3

풀기 ❶ 6, 12   ❷ 6, 12, 9

답 $\dfrac{9}{24}$

4-1 $\dfrac{20}{40}$, $\dfrac{25}{40}$ **4-2** $\dfrac{16}{45}$, $\dfrac{17}{45}$, $\dfrac{19}{45}$

4-3 $\dfrac{61}{70}$ kg

문해력 문제 4

❶ $\left(\dfrac{1}{4}, \dfrac{1}{2}\right) \Rightarrow \left(\dfrac{6}{24}, \dfrac{12}{24}\right)$

❷ $\dfrac{6}{24}$ 보다 크고 $\dfrac{12}{24}$ 보다 작은 분수 중에서 분자가 3의 배수인 분수는 $\dfrac{9}{24}$ 이다.

4-1 ❶ $\left(\dfrac{3}{8}, \dfrac{7}{10}\right) \Rightarrow \left(\dfrac{15}{40}, \dfrac{28}{40}\right)$

❷ $\dfrac{15}{40}$ 보다 크고 $\dfrac{28}{40}$ 보다 작은 분수 중에서 분자가 5의 배수인 분수는 $\dfrac{20}{40}$, $\dfrac{25}{40}$ 이다.

4-2 ❶ $\left(\dfrac{1}{3}, \dfrac{7}{15}\right) \Rightarrow \left(\dfrac{15}{45}, \dfrac{21}{45}\right)$

❷ $\dfrac{15}{45}$ 보다 크고 $\dfrac{21}{45}$ 보다 작은 분수 중에서 기약분수는 $\dfrac{16}{45}$, $\dfrac{17}{45}$, $\dfrac{19}{45}$ 이다.

> **참고**
> • 기약분수
>   분모와 분자의 공약수가 1뿐인 분수

4-3 ❶ $\left(\dfrac{7}{10}, \dfrac{13}{14}\right) \Rightarrow \left(\dfrac{49}{70}, \dfrac{65}{70}\right)$

❷ $\dfrac{49}{70}$ 와 $\dfrac{65}{70}$ 사이의 분수 중에서 기약분수는 $\dfrac{51}{70}$, $\dfrac{53}{70}$, $\dfrac{57}{70}$, $\dfrac{59}{70}$, $\dfrac{61}{70}$ 이다.

❸ 찾은 기약분수 중 가장 큰 수는 $\dfrac{61}{70}$ 이다.

➡ 노트북의 무게: $\dfrac{61}{70}$ kg

문해력 문제 5

전략 (위에서부터) $\dfrac{13}{16}$, $\dfrac{13}{16}$, $\dfrac{1}{5}$ / −

풀기 ❶ 1, 5   ❷ $1\dfrac{5}{8}$, $\dfrac{1}{5}$, $1\dfrac{17}{40}$

답 $1\dfrac{17}{40}$ m

5-1 $2\dfrac{17}{24}$ m   **5-2** $6\dfrac{19}{60}$ m   **5-3** $2\dfrac{2}{5}$ km

5-1 ❶ (색 테이프 2장의 길이의 합)

$$= 1\dfrac{5}{12} + 1\dfrac{5}{12} = 2\dfrac{10}{12} = 2\dfrac{5}{6} \text{ (m)}$$

❷ (이은 색 테이프 전체의 길이)

$$= 2\dfrac{5}{6} - \dfrac{1}{8} = 2\dfrac{20}{24} - \dfrac{3}{24} = 2\dfrac{17}{24} \text{ (m)}$$

5-2 ❶ (색 테이프 3장의 길이의 합)

$$= 1\dfrac{1}{3} + 2\dfrac{3}{4} + 2\dfrac{5}{6} = 1\dfrac{4}{12} + 2\dfrac{9}{12} + 2\dfrac{10}{12}$$
$$= 5\dfrac{23}{12} = 6\dfrac{11}{12} \text{ (m)}$$

❷ (겹쳐진 부분의 길이의 합)

$$= \dfrac{3}{10} + \dfrac{3}{10} = \dfrac{6}{10} = \dfrac{3}{5} \text{ (m)}$$

❸ (이은 색 테이프 전체의 길이)

$$= 6\dfrac{11}{12} - \dfrac{3}{5} = 6\dfrac{55}{60} - \dfrac{36}{60} = 6\dfrac{19}{60} \text{ (m)}$$

5-3 **그림 그리기**

❶ (대평포구에서 창고천다리까지의 거리)
  + (안덕계곡에서 화순금모래해수욕장까지의 거리)

$$= 9\dfrac{1}{2} + 4\dfrac{7}{10} = 9\dfrac{5}{10} + 4\dfrac{7}{10}$$
$$= 13\dfrac{12}{10} = 14\dfrac{2}{10} = 14\dfrac{1}{5} \text{ (km)}$$

❷ (안덕계곡과 창고천다리 사이의 거리)

$$= 14\dfrac{1}{5} - 11\dfrac{4}{5} = 13\dfrac{6}{5} - 11\dfrac{4}{5} = 2\dfrac{2}{5} \text{ (km)}$$

문해력 문제 6

전략 $4\frac{2}{9}$, $3\frac{11}{12}$ / 2, −

풀기 ❶ $4\frac{2}{9}$, $8\frac{4}{9}$ ❷ $8\frac{4}{9}$, $3\frac{11}{12}$, $4\frac{19}{36}$

답 $4\frac{19}{36}$ m

6-1 $2\frac{1}{4}$ L   **6-2** $3\frac{53}{63}$ kg   **6-3** $1\frac{11}{30}$ kg

6-1 ❶ (각자 만든 레모네이드의 양)

$$=1\frac{1}{3}+1\frac{1}{3}=2\frac{2}{3}\text{ (L)}$$

❷ (하린이에게 남은 레모네이드의 양)

$$=2\frac{2}{3}-\frac{5}{12}=2\frac{8}{12}-\frac{5}{12}=2\frac{3}{12}=2\frac{1}{4}\text{ (L)}$$

6-2 ❶ (모래의 반만큼의 무게)

$$=5\frac{1}{7}-3\frac{2}{9}=5\frac{9}{63}-3\frac{14}{63}$$
$$=4\frac{72}{63}-3\frac{14}{63}=1\frac{58}{63}\text{ (kg)}$$

❷ (모래 전체의 무게)

$$=1\frac{58}{63}+1\frac{58}{63}=2\frac{116}{63}=3\frac{53}{63}\text{ (kg)}$$

참고

❶ (모래 반만큼의 무게)=(모래가 가득 들어 있는 상자 의 무게)−(모래의 반만큼을 덜어 낸 후 상자의 무게)
❷ (모래 전체의 무게)
   =(모래의 반만큼의 무게)+(모래의 반만큼의 무게)

6-3 ❶ (물의 반만큼의 무게)

$$=6\frac{5}{6}-4\frac{1}{10}=6\frac{25}{30}-4\frac{3}{30}=2\frac{22}{30}=2\frac{11}{15}\text{(kg)}$$

❷ (빈 통의 무게)

$$=4\frac{1}{10}-2\frac{11}{15}=4\frac{3}{30}-2\frac{22}{30}$$
$$=3\frac{33}{30}-2\frac{22}{30}=1\frac{11}{30}\text{ (kg)}$$

참고

❶ (물의 반만큼의 무게)=(물이 가득 들어 있는 통의 무게)−(물의 반만큼을 사용한 후 통의 무게)
❷ (빈 통의 무게)=(물의 반만큼을 사용한 후 통의 무게)−(물의 반만큼의 무게)

문해력 문제 7

풀기 ❶ $\frac{1}{10}$, $\frac{1}{15}$ ❷ $\frac{1}{15}$, $\frac{1}{6}$ ❸ 6

답 6일

7-1 4일   **7-2** 6일   **7-3** 4일

문해력 문제 7

❷ $\frac{1}{10}+\frac{1}{15}=\frac{3}{30}+\frac{2}{30}=\frac{5}{30}=\frac{1}{6}$

❸ 두 사람이 함께 하루에 하는 일의 양이 전체의 $\frac{1}{6}$이므로 두 사람이 함께 일을 모두 마치는 데 에는 6일이 걸린다.

7-1 ❶ 하루에 하는 일의 양은 서영이는 전체의 $\frac{1}{12}$, 소민이는 전체의 $\frac{1}{6}$이다.

❷ 두 사람이 함께 하루에 하는 일의 양은 전체의 $\frac{1}{12}+\frac{1}{6}=\frac{1}{12}+\frac{2}{12}=\frac{3}{12}=\frac{1}{4}$이다.

❸ 두 사람이 함께 일을 모두 마치는 데 4일이 걸 린다.

7-2 ❶ 하루에 하는 일의 양은 ㉠ 기계는 전체의 $\frac{1}{10}$, ㉡ 기계는 전체의 $\frac{1}{15}$이다.

❷ 두 기계를 함께 사용했을 때 하루에 하는 일의 양은 전체의 $\frac{1}{10}+\frac{1}{15}=\frac{3}{30}+\frac{2}{30}=\frac{5}{30}=\frac{1}{6}$이다.

❸ 두 기계를 함께 사용하여 오늘 들어온 주문량을 모두 만드는 데 6일이 걸린다.

7-3 ❶ 하루에 하는 일의 양은 지수는 전체의 $\frac{1}{12}$, 경 서는 전체의 $\frac{1}{24}$, 지아는 전체의 $\frac{1}{8}$이다.

❷ 세 사람이 함께 하루에 하는 일의 양은 전체의 $\frac{1}{12}+\frac{1}{24}+\frac{1}{8}=\frac{2}{24}+\frac{1}{24}+\frac{3}{24}$ $=\frac{6}{24}=\frac{1}{4}$이다.

❸ 세 사람이 함께 일을 모두 마치는 데 4일이 걸 린다.

3주 4일

문해력 문제 8

전략 ＋

풀이 ❶ 1   ❷ $\frac{1}{2}$, 30   ❸ 30, 10, 30

답 오전 10시 30분

8-1 오후 5시 20분   **8-2** 오후 4시 19분

8-3 오전 11시 20분

8-1 ❶ (미술 숙제를 하는 데 걸린 시간)

$$=\frac{7}{12}+\frac{3}{4}=\frac{7}{12}+\frac{9}{12}$$
$$=\frac{16}{12}=1\frac{4}{12}=1\frac{1}{3}(시간)$$

❷ $\frac{1}{3}$시간＝20분이므로 $1\frac{1}{3}$시간＝1시간 20분
이다.

❸ (미술 숙제를 마친 시각)
＝오후 4시＋1시간 20분＝오후 5시 20분

8-2 ❶ (처음 수영을 한 시간)＋(쉰 시간)
＋(두 번째 수영을 한 시간)

$$=\frac{2}{3}+\frac{1}{4}+\frac{2}{5}=\frac{40}{60}+\frac{15}{60}+\frac{24}{60}$$
$$=\frac{79}{60}=1\frac{19}{60}(시간)$$

❷ $\frac{19}{60}$시간＝19분이므로 $1\frac{19}{60}$시간＝1시간 19분
이다.

❸ (수영을 끝낸 시각)
＝오후 3시＋1시간 19분＝오후 4시 19분

8-3 ❶ $\frac{3}{4}+\frac{1}{6}+\frac{3}{4}+\frac{1}{6}=\frac{9}{12}+\frac{2}{12}+\frac{9}{12}+\frac{2}{12}$

$$=\frac{22}{12}=1\frac{10}{12}=1\frac{5}{6}(시간)$$

❷ $\frac{5}{6}$시간＝50분이므로 $1\frac{5}{6}$시간＝1시간 50분
이다.

❸ (3교시가 시작하는 시각)
＝오전 9시 30분＋1시간 50분
＝오전 11시 20분

3주 5일

기출 1

❶ 예 $\frac{1}{5}+\frac{3}{10}=\frac{2}{10}+\frac{3}{10}=\frac{5}{10}=\frac{1}{2}$

➡ 사용한 철사는 전체의 $\frac{1}{2}$이다.

❷ 예 $1-\frac{1}{2}=\frac{2}{2}-\frac{1}{2}=\frac{1}{2}$

➡ 남은 철사는 전체의 $\frac{1}{2}$이다.

❸ $\frac{1}{2}$, 2, 120   **답** 120 cm

기출 2

❶ 1, 2, 3, 4, 5 / $\frac{1}{11}$, $\frac{5}{7}$에 ○표

❷ 1, 2, 3 / 1, 없다에 ○표 / 5, 10, 15, 35, 40 / 40

❸ $\frac{40}{56}$ **답** $\frac{40}{56}$

3주 6일

창의 3

❶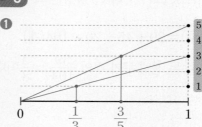

❷ 큰에 ○표, $\frac{3}{5}$에 ○표   **답** $\frac{3}{5}$

융합 4

❶ 1   ❷ 예 $\frac{1}{5}=\frac{1}{6}+\frac{1}{5\times6}=\frac{1}{6}+\frac{1}{30}$

❸ 예 $\frac{1}{6}=\frac{1}{7}+\frac{1}{6\times7}=\frac{1}{7}+\frac{1}{42}$이므로

$$\frac{1}{5}=\frac{1}{7}+\frac{1}{30}+\frac{1}{42}$$

답 예 $\frac{1}{7}+\frac{1}{30}+\frac{1}{42}$

1 $\dfrac{11}{15}$

2 화성

3 $\dfrac{3}{8}$

4 지민

5 $\dfrac{15}{50}$

6 $\dfrac{21}{48}$, $\dfrac{28}{48}$

7 $4\dfrac{8}{9}$ m

8 $5\dfrac{1}{6}$ km

9 3일

10 오후 2시 18분

1 ❶ (9월에 드론 학원을 가지 않은 날수)
$=30-8=22$(일)

❷ 드론 학원을 가지 않은 날수는 9월 전체 날수의
$\dfrac{22}{30}=\dfrac{11}{15}$이다.

2 ❶ $0.4=\dfrac{4}{10}$

❷ $\dfrac{1}{2}=\dfrac{5}{10}$ ➡ $\dfrac{4}{10}<\dfrac{5}{10}$이므로 크기가 더 큰 행성은 화성이다.

다르게 풀기

❶ $\dfrac{1}{2}=\dfrac{5}{10}=0.5$

❷ $0.4<0.5$이므로 크기가 더 큰 행성은 화성이다.

3 ❶ (전체 쿠키 수)$=39+45+20=104$(개)

❷ 초콜릿 쿠키 수는 전체 쿠키 수의 $\dfrac{39}{104}=\dfrac{3}{8}$이다.

4 ❶ $1.6=1\dfrac{6}{10}$

❷ $1\dfrac{5}{8}=1\dfrac{75}{120}$, $1\dfrac{6}{10}=1\dfrac{72}{120}$, $1\dfrac{7}{12}=1\dfrac{70}{120}$

➡ $1\dfrac{70}{120}<1\dfrac{72}{120}<1\dfrac{75}{120}$이므로 가장 멀리 뛴 사람은 지민이다.

5 ❶ 어떤 분수를 $\dfrac{3\times\bullet}{10\times\bullet}$로 나타내면

❷ $10\times\bullet+3\times\bullet=65$
$13\times\bullet=65$
$\bullet=5$

❸ (어떤 분수)$=\dfrac{3\times5}{10\times5}=\dfrac{15}{50}$

6 ❶ $\left(\dfrac{5}{12},\ \dfrac{11}{16}\right)$ ➡ $\left(\dfrac{20}{48},\ \dfrac{33}{48}\right)$

❷ $\dfrac{20}{48}$보다 크고 $\dfrac{33}{48}$보다 작은 분수 중에서 분자가 7의 배수인 분수는 $\dfrac{21}{48}$, $\dfrac{28}{48}$이다.

7 ❶ (색 테이프 2장의 길이의 합)
$=2\dfrac{2}{9}+3\dfrac{1}{4}=2\dfrac{8}{36}+3\dfrac{9}{36}=5\dfrac{17}{36}$ (m)

❷ (이은 색 테이프 전체의 길이)
$=5\dfrac{17}{36}-\dfrac{7}{12}=5\dfrac{17}{36}-\dfrac{21}{36}=4\dfrac{53}{36}-\dfrac{21}{36}$
$=4\dfrac{32}{36}=4\dfrac{8}{9}$ (m)

8 ❶ (집에서 학교까지의 거리)
$=2\dfrac{3}{8}+2\dfrac{3}{8}=4\dfrac{6}{8}=4\dfrac{3}{4}$ (km)

❷ (집에서 출발하여 문구점까지 이동한 거리)
$=4\dfrac{3}{4}+\dfrac{5}{12}=4\dfrac{9}{12}+\dfrac{5}{12}$
$=4\dfrac{14}{12}=5\dfrac{2}{12}=5\dfrac{1}{6}$ (km)

9 ❶ 하루에 하는 일의 양은 서윤이는 전체의 $\dfrac{1}{9}$, 나은이는 전체의 $\dfrac{1}{18}$, 태준이는 전체의 $\dfrac{1}{6}$이다.

❷ 세 사람이 함께 하루에 하는 일의 양은
전체의 $\dfrac{1}{9}+\dfrac{1}{18}+\dfrac{1}{6}=\dfrac{2}{18}+\dfrac{1}{18}+\dfrac{3}{18}=\dfrac{6}{18}=\dfrac{1}{3}$
이다.

❸ 세 사람이 함께 일을 모두 마치는 데 3일이 걸린다.

10 ❶ (농장 구경을 한 시간)$+$(옥수수 따기를 한 시간)
$=\dfrac{3}{5}+\dfrac{7}{10}=\dfrac{6}{10}+\dfrac{7}{10}=\dfrac{13}{10}=1\dfrac{3}{10}$(시간)

❷ $\dfrac{3}{10}$시간$=18$분이므로
$1\dfrac{3}{10}$시간$=1$시간 18분이다.

❸ (체험 학습이 끝난 시각)
$=$오후 1시$+1$시간 18분$=$오후 2시 18분

4주 다각형의 둘레와 넓이/규칙과 대응

> **1** 12 » 12 / 12 cm
> **2** 15 » 3×5=15 / 15 cm
> **3** 200000 » 200000 cm²
> **4** 7000000 » 7000000 m²
> **5** 40 » 40 / 40 cm²
> **6** 600 » 30×20=600 / 600 cm²
> **7** 6 » 4×3÷2=6 / 6 cm²

1 (정다각형의 둘레)=(한 변의 길이)×(변의 수)이므로 (정삼각형의 둘레)=4×3=12 (cm)이다.

> **참고**
> • 정다각형
>   변의 길이가 모두 같고, 각의 크기가 모두 같은 다각형

2 (정오각형의 둘레)=3×5=15 (cm)

3 ■ m²=■0000 cm²
➡ 20 m²=200000 cm²

4 ■ km²=■000000 m²
➡ 7 km²=7000000 m²

5 (평행사변형의 넓이)
= (밑변의 길이)×(높이)
= 8×5=40 (cm²)

6 (직사각형의 넓이)
= (가로)×(세로)
= 30×20=600 (cm²)

7 (삼각형의 넓이)
= (밑변의 길이)×(높이)÷2
= 4×3÷2=6 (cm²)

> **참고**
> • **삼각형의 높이**
>   밑변과 마주 보는 꼭짓점에서 밑변에 수직으로 그은 선분의 길이

> **1** (28+15)×2=86 / 86 m
> **2** 4×6=24 / 24 cm
> **3** 9×4=36 / 36 cm
> **4** 100×120=12000 / 12000 cm²
> **5** 15×15=225 / 225 cm²
> **6** (20+30)×15÷2=375 / 375 m²
> **7** 50×40÷2=1000 / 1000 cm²

1 (농구장의 둘레)=((가로)+(세로))×2
                =(28+15)×2
                =43×2=86 (m)

2 (정육각형 모양의 둘레)=(한 변의 길이)×6
                    =4×6=24 (cm)

3 (마름모의 둘레)=(한 변의 길이)×4
             =9×4=36 (cm)

> **참고**
> 마름모는 네 변의 길이가 모두 같다.

4 (태양열 집열판의 넓이)=(가로)×(세로)
                    =100×120
                    =12000 (cm²)

5 (액자의 넓이)
= (한 변의 길이)×(한 변의 길이)
= 15×15=225 (cm²)

6 (놀이터 땅의 넓이)
= ((윗변의 길이)+(아랫변의 길이))×(높이)÷2
= (20+30)×15÷2
= 50×15÷2
= 750÷2=375 (m²)

7 (식탁보의 넓이)
= (한 대각선의 길이)×(다른 대각선의 길이)÷2
= 50×40÷2=1000 (cm²)

정답과 해설

문해력 문제 1

전략 6, = / 5 / 3

풀이 ❶ 5, 30   ❷ 30, 10

답 10 cm

1-1 6 cm   **1-2** 7 cm   **1-3** 324 cm²

1-1 전략
> 정사각형과 정육각형의 둘레가 같음을 이용하여
> (정육각형의 한 변의 길이)=(정육각형의 둘레)÷6을
> 구하자.
> └ 정사각형의 둘레

❶ (정사각형의 둘레)=9×4=36 (cm)
❷ (정육각형의 한 변의 길이)=36÷6=6 (cm)

1-2 전략
> 정오각형 한 개의 둘레를 구한 다음 정오각형의 한
> 변의 길이를 구하자.

❶ (정오각형 한 개의 둘레)=70÷2=35 (cm)
❷ (정오각형의 한 변의 길이)=35÷5=7 (cm)

1-3 ❶ (구절판의 둘레)=9×8=72 (cm)
❷ (접시의 한 변의 길이)=72÷4=18 (cm)
❸ (접시의 넓이)=18×18=324 (cm²)

문해력 문제 2

전략 6

풀이 ❶ 6   ❷ 34

❸ 6, 34, 40, 20, 20

답 20 cm

2-1 12 m   **2-2** 16 cm, 32 cm

2-3 56 cm²

2-1 ❶ 직사각형 모양 텃밭의 세로를 □m라고 하면
가로는 (□+13) m이다.
❷ (가로와 세로의 길이의 합)=74÷2=37 (m)
❸ □+13+□=37 ➡ □+□=24, □=12이
므로 세로는 12 m이다.

2-2 ❶ 직사각형의 가로를 □cm라고 하면
세로는 (□×2) cm이다.
❷ (가로와 세로의 길이의 합)=96÷2=48 (cm)
❸ □+□×2=48 ➡ □×3=48, □=16이므로
가로는 16 cm이고, 세로는 16×2=32 (cm)이다.

2-3 ❶ 직사각형의 세로를 □cm라고 하면 가로는
(□+9) cm이다.
❷ (가로와 세로의 길이의 합)=46÷2=23 (cm)
❸ □+9+□=23 ➡ □+□=14, □=7이므로
세로는 7 cm이고, 가로는 7+9=16 (cm)이다.
❹ 잘린 직사각형 한 개는 가로가 16÷2=8 (cm),
세로가 7 cm인 직사각형이므로 넓이는
8×7=56 (cm²)이다.

문해력 문제 3

전략 4, ×

풀이 ❶ 4, 2   ❷ 12, 12, 24

답 24 cm

3-1 56 cm   **3-2** 33 cm   **3-3** 30 cm

3-1 ❶ (정사각형의 한 변의 길이)=16÷4=4 (cm)
❷ 도형은 정사각형의 변 14개로 둘러싸여 있으므로
(만든 도형의 둘레)=4×14=56 (cm)이다.

3-2 ❶ (정사각형의 한 변의 길이)=9÷3=3 (cm)
❷ (만든 도형의 둘레)
=9×2+3×5=18+15=33 (cm)

참고
> 도형은 정삼각형의 변 2개와 정사각형의 변 5개로 둘
> 러싸여 있다.

3-3 ❶ (만든 정사각형의 한 변의 길이)
=48÷4=12 (cm)
❷ (직사각형의 가로)=12÷4=3 (cm)
(직사각형의 세로)=12 cm
❸ (직사각형 한 개의 둘레)
=(3+12)×2=30 (cm)

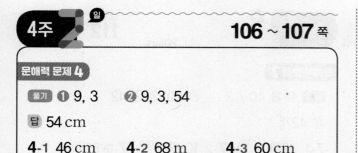

정답과 해설

4주 일 **106 ~ 107** 쪽

문해력 문제 4

풀기 ❶ 9, 3   ❷ 9, 3, 54

답 54 cm

4-1 46 cm   **4-2** 68 m   **4-3** 60 cm

4-1 ❶
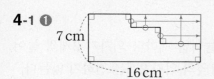

변을 옮기면 가로가 16 cm, 세로가 7 cm인 직사각형이 된다.

❷ (도형의 둘레)=(16+7)×2=46 (cm)

4-2 ❶

3 m 3 m   3 m
12 m 4 m
4 m 5 m

변을 옮기면 가로가 3+4+5+3=15 (m), 세로가 12 m인 직사각형이 되고, 길이가 3 m, 4 m, 3+4=7 (m)인 변이 남는다.

❷ (땅의 둘레)=(15+12)×2+3+4+7
　　　　　　　=68 (m)

주의
직사각형을 만들고 남는 변의 길이를 빠뜨리지 않고 더한다.

4-3 ❶ 겹쳐진 부분인 정사각형의 한 변의 길이를 □cm라고 하면 □×□=9 ➡ 3×3=9이므로 □=3이다.

❷
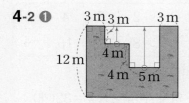
9 cm 9−3=6 (cm)

9 cm

변을 옮기면 한 변의 길이가 9+6=15 (cm)인 정사각형이 된다.

❸ (만들어진 도형의 둘레)=15×4=60 (cm)

4주 일 **108 ~ 109** 쪽

문해력 문제 5

전략 48, 0.12 / ×, 2

풀기 ❶ 1200   ❷ 2, 1200, 2400, 50, 50

답 50 cm

5-1 120 cm   **5-2** 16 cm   **5-3** 76 cm²

문해력 문제 5

❶ 1 m²=10000 cm²이므로
　0.12 m²=1200 cm²이다.

5-1 전략
구하려는 길이의 단위가 cm이므로 넓이 4.32 m²를 cm² 단위로 나타낸다. ➡ 직사각형의 넓이를 구하는 식을 이용하여 칠판의 세로를 구한다.

❶ 4.32 m²=43200 cm²

❷ 칠판의 세로를 □cm라고 하면 넓이는
360×□=43200이다.
➡□=120이므로 칠판의 세로는 120 cm이다.

5-2 ❶ (정사각형의 넓이)=12×12=144 (cm²)

❷ 평행사변형의 밑변의 길이를 □cm라고 하면 넓이는 □×9=144이다.
➡□=16이므로 평행사변형의 밑변의 길이는 16 cm로 해야 한다.

5-3 전략
삼각형 ㄱㄴㄷ의 밑변의 길이와 넓이를 이용하여 높이를 구한 다음 사다리꼴 ㄱㄴㄹㅁ의 넓이를 구하자.

❶ 삼각형 ㄱㄴㄷ의 높이를 □cm라고 하면 넓이는
9×□÷2=36이다.
➡9×□=72, □=8이므로 삼각형 ㄱㄴㄷ의 높이는 8 cm이다.

참고
삼각형 ㄱㄴㄷ의 높이와 사다리꼴 ㄱㄴㄹㅁ의 높이는 같다.

❷ (사다리꼴 ㄱㄴㄹㅁ의 넓이)
　=(7+12)×8÷2=76 (cm²)

정답과
해설

21

4주 3일 110 ~ 111 쪽

문해력 문제 6

전략 —

풀이 ❶ 7, 7, 70 ❷ 5, 5, 2, 20 ❸ 70, 20, 50

답 50 cm²

6-1 144 m² **6-2** 24 cm² **6-3** 20 cm²

6-1 ❶ 큰 마름모는 한 대각선의 길이가
$12 \times 2 = 24$ (m), 다른 대각선의 길이가
$8 \times 2 = 16$ (m)이다.
➡ (큰 마름모의 넓이)
$= 24 \times 16 \div 2 = 192$ (m²)

❷ 작은 마름모는 한 대각선의 길이가 12 m, 다른
대각선의 길이가 8 m이다.
➡ (작은 마름모의 넓이)
$= 12 \times 8 \div 2 = 48$ (m²)

❸ (색칠한 부분의 넓이) $= 192 - 48 = 144$ (m²)

6-2 **전략**

삼각형 ㅁㄴㄷ의 넓이에서 삼각형 ㅂㄴㄷ의 넓이를
빼서 색칠한 부분의 넓이를 구하자.

❶ 삼각형 ㅁㄴㄷ은 밑변의 길이가 12 cm, 높이가
16 cm이다.
➡ (삼각형 ㅁㄴㄷ의 넓이)
$= 12 \times 16 \div 2 = 96$ (cm²)

❷ 삼각형 ㅂㄴㄷ은 밑변의 길이가 12 cm, 높이가
12 cm이다.
➡ (삼각형 ㅂㄴㄷ의 넓이)
$= 12 \times 12 \div 2 = 72$ (cm²)

❸ (색칠한 부분의 넓이) $= 96 - 72 = 24$ (cm²)

6-3 ❶ (정사각형 3개의 넓이의 합)
$= 3 \times 3 + 4 \times 4 + 5 \times 5$
$= 9 + 16 + 25 = 50$ (cm²)

❷ 색칠하지 않은 삼각형은 밑변의 길이가
$3 + 4 + 5 = 12$ (cm), 높이가 5 cm이므로
(색칠하지 않은 삼각형의 넓이)
$= 12 \times 5 \div 2 = 30$ (cm²)이다.

❸ (색칠한 부분의 넓이) $= 50 - 30 = 20$ (cm²)

4주 4일 112 ~ 113 쪽

문해력 문제 7

풀이 ❶ 8, 10 / 2 ❷ 20, 2, 2, 42

답 42개

7-1 32개 **7-2** 108명 **7-3** 6개

문해력 문제 7

❶ 책상이 1개 늘어날 때마다 의자가 2개씩 늘어
나고, 책상 양옆의 의자 2개는 변하지 않는다.
➡ (의자 수) = (책상 수) × 2 + 2

❷ 책상이 20개일 때 의자 수를 구하려면 위 ❶에
서 구한 식의 책상 수에 20을 넣어 계산한다.
(책상이 20개일 때 의자 수) = 20 × 2 + 2 = 42(개)

7-1 ❶

식탁 수(개)	1	2	3	4	⋯
의자 수(개)	4	8	12	16	⋯

➡ (의자 수) = (식탁 수) × 4

❷ (식탁이 8개일 때 의자 수) = 8 × 4 = 32(개)

7-2 ❶

팀의 수(팀)	1	2	3	4	⋯
사람 수(명)	9	18	27	36	⋯

➡ (사람 수) = (팀의 수) × 9

참고

(한 팀의 사람 수) = (키를 잡은 사람) + (노를 잡은 사람)
$= 1 + 8 = 9$(명)

❷ (12팀이 출전했을 때 출전한 사람 수)
$= 12 \times 9 = 108$(명)

7-3 ❶

책상 수(개)	1	2	3	4	⋯
의자 수(개)	6	10	14	18	⋯

➡ (의자 수) = (책상 수) × 4 + 2

참고

책상이 1개 늘어날 때마다 의자가 4개씩 늘어나고, 책상
양옆의 의자 2개는 변하지 않는다.
➡ (의자 수) = (책상 수) × 4 + 2

❷ (책상 수) × 4 + 2 = 26, (책상 수) × 4 = 24,
(책상 수) = 6개

문해력 문제 8

풀이 ❶ (위에서부터) 7, 6, 5 / 2200, 2600, 3000

❷ 5, 5

답 5개, 5개

8-1 7개, 5개   8-2 6장, 4장

8-3 7자루, 2자루

8-1 ❶ 전체 동전 수가 12개일 때 금액의 합 알아보기

500원짜리 동전 수(개)	1	2	3	4	5	6	7
100원짜리 동전 수(개)	11	10	9	8	7	6	5
금액의 합(원)	1600	2000	2400	2800	3200	3600	4000

❷ 은지가 가지고 있는 동전은 500원짜리 동전 7개, 100원짜리 동전 5개이다.

8-2 ❶ 전체 지폐 수가 10장일 때 금액의 합 알아보기

20달러짜리 지폐 수(장)	1	2	3	4	5	6
5달러짜리 지폐 수(장)	9	8	7	6	5	4
금액의 합(달러)	65	80	95	110	125	140

❷ 설아가 가지고 있는 지폐는 20달러짜리 지폐 6장, 5달러짜리 지폐 4장이다.

8-3 ❶ 색연필과 연필을 합해서 9자루 샀을 때 물건값의 합 알아보기

색연필 수(자루)	8	7	6	5	4	3	2	1
연필 수(자루)	1	2	3	4	5	6	7	8
물건값의 합(원)	6100	5900	5700	5500	5300	5100	4900	4700

❷ 물건값의 합이 6000원보다 적으면서 색연필 수가 가장 많은 경우를 찾으면 색연필이 7자루, 연필이 2자루일 때이다.

참고
6000원을 내고 거스름돈을 받았으므로 물건값의 합은 6000원보다 적다.

기출 1

❶ (위에서부터) 4, 9, 16 / 12, 16, 20   ❷ ◇, 4, 4

❸ 예 (7번째 놓일 흰색 바둑돌의 수)
= 7×7 = 49(개),
(7번째 놓일 검은색 바둑돌의 수)
= 7×4+4 = 32(개),
→ (개수의 차) = 49-32 = 17(개)

답 17개

기출 2

❶ 40, 40, 60   ❷ 40, 60, 50, 24

❸ 예 잔디를 심은 곳은 한 변이 24 m인 정사각형이다. → (넓이) = 24×24 = 576 (m²)

답 576 m²

융합 3

❶ 3, 4, 5   ❷ ○=□-13(또는 □=○+13)

❸ 오후 11시-13시간=오전 10시

답 오전 10시

코딩 4

❶ 1 cm

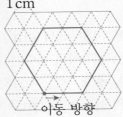

이동 방향

❷ 2×6 = 12 (cm)

답 12 cm

융합 3

❷ 오타와의 시각은 서울의 시각보다
오후 2시(=14시)-오전 1시(=1시)=13(시간)
느리다. → (오타와의 시각)=(서울의 시각)-13

❸ 오후 11시-13시간
= 23시-13시간 = 오전 10시

4주 주말 TEST 120~123쪽

1	6 cm	2	30 cm
3	200 cm	4	25 cm
5	24 cm	6	70 cm
7	72 m²	8	18 cm
9	46개	10	6개, 7개

1 ❶ (정삼각형의 둘레)=8×3=24 (cm)
　❷ (정사각형의 한 변의 길이)=24÷4=6 (cm)

2 ❶ (정사각형의 한 변의 길이)=12÷4=3 (cm)
　❷ 도형은 정사각형의 변 10개로 둘러싸여 있으므로 (만든 도형의 둘레)=3×10=30 (cm)이다.

3 ❶ 3 m²=30000 cm²
　❷ 이불의 세로를 □ cm라고 하면 넓이는
　　150×□=30000이다.
　　➡ □=200이므로 이불의 세로는 200 cm이다.

4 ❶ 직사각형의 세로를 □ cm라고 하면 가로는
　　(□+10) cm이다.
　❷ (가로와 세로의 길이의 합)
　　=120÷2=60 (cm)
　❸ □+10+□=60 ➡ □+□=50, □=25이
　　므로 세로는 25 cm이다.

5 ❶ (정사각형의 넓이)=18×18=324 (cm²)
　❷ 삼각형의 높이를 □ cm라고 하면 넓이는
　　27×□÷2=324이다. ➡ 27×□=648,
　　□=24이므로 삼각형의 높이는 24 cm로 해야
　　한다.

6 ❶ (작은 정사각형의 한 변의 길이)
　　=15÷3=5 (cm)
　❷ (만든 직사각형의 둘레)
　　=(20+15)×2=70 (cm)

> **참고**
> (만든 직사각형의 가로)=15+5=20 (cm)
> (만든 직사각형의 세로)=15 cm

7 > **전략**
> 사다리꼴의 넓이에서 삼각형의 넓이를 빼서 색칠한 부분의 넓이를 구하자.

　❶ (사다리꼴의 넓이)
　　=(10+16)×9÷2=117 (m²)
　❷ (삼각형의 넓이)=10×9÷2=45 (m²)
　❸ (색칠한 부분의 땅의 넓이)
　　=117−45=72 (m²)

8 ❶

　변을 옮기면 가로가 3 cm, 세로가 5 cm인 직사각형이 되고, 길이가 1 cm인 변이 2개 남는다.
　❷ (도형의 둘레)
　　=(3+5)×2+1+1=18 (cm)

9 ❶

정사각형 수(개)	1	2	3	4	…
성냥개비 수(개)	4	7	10	13	…

　➡ (성냥개비 수)=(정사각형 수)×3+1

> **참고**
>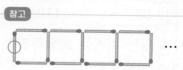
> ○표 한 왼쪽의 성냥개비 1개는 변하지 않고, 정사각형이 1개씩 늘어날 때마다 성냥개비는 3개씩 늘어난다.
> ➡ (성냥개비 수)=(정사각형 수)×3+1

　❷ (정사각형을 15개 만들 때 필요한 성냥개비의 수)
　　=15×3+1=46(개)

10 ❶ 전체 동전 수가 13개일 때 금액의 합 알아보기

50원짜리 동전 수(개)	1	2	3	4	5	6
10원짜리 동전 수(개)	12	11	10	9	8	7
금액의 합(원)	170	210	250	290	330	370

　❷ 근영이가 가지고 있는 동전은 50원짜리 동전 6개, 10원짜리 동전 7개이다.

1주 자연수의 혼합 계산

1주 1일 복습   1~2쪽

1 $20+18-6\times4=14$ / 14명
2 $200-(27+32)\times2=82$ / 82개
3 $85+65-22\times6+50-20\times2=28$ / 28장
4 $(13-6)\times3+12=33$ / 33살
5 $(6\times4+4)\times3-24=60$ / 60년
6 18살

1 ❶ 유빈이네 반 전체 학생 수를 구하는 식:
  $20+18$
  ❷ 놀이 기구를 탄 학생 수를 구하는 식: 6×4
  ❸ (아직 놀이 기구를 타지 못한 학생 수)
  $=20+18-6\times4=38-24=14$(명)

2 ❶ 응원 도구를 나누어 준 사람 수를 구하는 식:
  $27+32$
  ❷ 나누어 준 응원 도구 수를 구하는 식:
  $(27+32)\times2$
  ❸ (남은 응원 도구 수)
  $=200-(27+32)\times2=200-118=82$(개)

3 ❶ 처음 색종이 수를 구하는 식: $85+65$
  ❷ 학생 22명에게 나누어 준 색종이 수를 구하는
  식: 22×6
  ❸ 학생 20명에게 나누어 준 색종이 수를 구하는
  식: 20×2
  ❹ (남은 색종이 수)
  $=85+65-22\times6+50-20\times2$
  $=150-132+50-40=28$(장)

4 ❶ 6년 전 소민이의 나이를 구하는 식: $13-6$
  ❷ (6년 전 아버지의 나이)
  $=(13-6)\times3+12=21+12=33$(살)

5 ❶ 기린의 수명을 구하는 식: $6\times4+4$
  ❷ (침팬지의 수명)
  $=(6\times4+4)\times3-24=84-24=60$(년)

6 ❶ 삼촌의 나이를 구하는 식: $8\times3+4$
  ❷ 어머니의 나이를 구하는 식: $(8\times3+4)\times2-10$
  ❸ (삼촌과 어머니의 나이의 차)
  $=(8\times3+4)\times2-10-(8\times3+4)$
  $=56-10-28=18$(살)

1주 2일 복습   3~4쪽

1 $18+16-5=29$ / 29명
2 $140+190-80=250$ / 250 m
3 $190+230-25+10=405$ / 405명
4 $216\div(3\times8)=9$ / 9분
5 $18000\div(7500\div50)\div60=2$ / 2시간
6 $170\div(16+18)\times5=25$ / 25분

1 ❶ 바다에 간 학생 수와 산에 간 학생 수의 합을
  구하는 식: $18+16$
  ❷ (두 곳에 모두 간 학생 수)=5명
  (윤지네 반 학생 수)$=18+16-5=29$(명)

2 ❶ 현지가 걸어간 거리와 인우가 걸어간 거리의
  합을 구하는 식: $140+190$
  ❷ (지금 두 사람 사이의 거리)=80 m
  (두 사람이 출발한 곳 사이의 거리)
  $=140+190-80=250$ (m)

3 ❶ 유기견 봉사활동과 쓰레기 줍기 봉사활동에 신청
  서를 낸 학생 수의 합을 구하는 식: $190+230$
  ❷ (두 봉사활동에 모두 신청서를 낸 학생 수)
  $=25$명
  (두 봉사활동에 모두 신청서를 내지 않은 학생 수)
  $=10$명
  (기우네 학교 전체 학생 수)
  $=190+230-25+10=405$(명)

4 ❶ 8명이 1분 동안 빚는 송편의 수를 구하는 식:
  3×8
  ❷ (8명이 송편 216개를 빚는 데 걸린 시간)
  $=216\div(3\times8)=216\div24=9$(분)

5 ① 자전거를 타고 1분 동안 가는 거리를 구하는 식:
$7500 \div 50$

② 할머니 댁까지 자전거로 가는 데 걸리는 시간은 몇 분인지 구하는 식: $18000 \div (7500 \div 50)$

③ (할머니 댁까지 자전거로 가는 데 걸리는 시간)
$= 18000 \div (7500 \div 50) \div 60 = 2(시간)$

6 ① 한 번에 굽는 쿠키의 수를 구하는 식:
$16 + 18$

② 오븐에 굽는 횟수를 구하는 식:
$170 \div (16 + 18)$

③ (걸리는 시간) $= 170 \div (16 + 18) \times 5 = 25(분)$

1주 3일 복습   5~6쪽

> **1** $8000 - 3000 \div 6 \times 4 - 3200 = 2800$
> (또는 $8000 - (3000 \div 6 \times 4 + 3200) = 2800$) /
> 2800원
>
> **2** $2000 + 6000 \div 4 \times 3 - 4000 = 2500$ / 2500원
>
> **3** $5000 \times 2 - 4200 \div 6 \times 4 - 4000 \div 8 \times 5 = 4700$
> (또는 $5000 \times 2 - (4200 \div 6 \times 4 + 4000 \div 8 \times 5)$
> $= 4700$) / 4700원
>
> **4** $7880 - (10280 - 7880) \div 3 \times 9 = 680$ / 680 g
>
> **5** $2800 - (2800 - 1720) \div 2 \times 5 = 100$ / 100 g
>
> **6** $194 - (276 - 194) \div 2 = 153$ / 153 cm

1 ① 연필 한 자루의 가격을 구하는 식:
$3000 \div 6$

➡ 연필 4자루의 가격을 구하는 식:
$3000 \div 6 \times 4$

② (남은 돈)
$= 8000 - 3000 \div 6 \times 4 - 3200$
$= 8000 - 2000 - 3200 = 2800(원)$

2 ① 검은색 양말 1켤레의 가격을 구하는 식:
$6000 \div 4$

➡ 검은색 양말 3켤레의 가격을 구하는 식:
$6000 \div 4 \times 3$

② (모자란 돈)
$= 2000 + 6000 \div 4 \times 3 - 4000$
$= 2000 + 4500 - 4000 = 2500(원)$

3 ① 호두과자 4개의 가격을 구하는 식:
$4200 \div 6 \times 4$

② 땅콩과자 5개의 가격을 구하는 식:
$4000 \div 8 \times 5$

③ 경희가 낸 돈을 구하는 식: 5000×2

④ (거스름돈)
$= 5000 \times 2 - 4200 \div 6 \times 4 - 4000 \div 8 \times 5$
$= 10000 - 2800 - 2500 = 4700(원)$

4 ① 망고 3개의 무게를 구하는 식: $10280 - 7880$

② 망고 1개의 무게를 구하는 식:
$(10280 - 7880) \div 3$

➡ 망고 9개의 무게를 구하는 식:
$(10280 - 7880) \div 3 \times 9$

③ (바구니만의 무게)
$= 7880 - (10280 - 7880) \div 3 \times 9$
$= 7880 - 2400 \div 3 \times 9 = 680 \text{ (g)}$

5 ① 문제집 2권의 무게를 구하는 식: $2800 - 1720$

② 문제집 1권의 무게를 구하는 식:
$(2800 - 1720) \div 2$

➡ 문제집 5권의 무게를 구하는 식:
$(2800 - 1720) \div 2 \times 5$

③ (종이 가방만의 무게)
$= 2800 - (2800 - 1720) \div 2 \times 5$
$= 2800 - 1080 \div 2 \times 5 = 100 \text{ (g)}$

6 ① 택배 상자 2개의 높이를 구하는 식: $276 - 194$

➡ 택배 상자 1개의 높이를 구하는 식:
$(276 - 194) \div 2$

② (바닥으로부터 택배 상자 3개까지의 높이)
$= 194 - (276 - 194) \div 2$
$= 194 - 41$
$= 153 \text{ (cm)}$

참고
② (바닥으로부터 택배 상자 3개까지의 높이)
= (바닥으로부터 택배 상자 4개까지의 높이)
− (택배 상자 1개의 높이)

1주 4일 복습   7~8쪽

1 103	**2** 1600원	**3** 120
4 62마리	**5** 6개	**6** 11일

1 ❶ 어떤 수를 □라 하여 식 세우기:
$(□-3)×9+72÷3=924$

❷ $(□-3)×9+72÷3=924$,
$(□-3)×9+24=924$, $(□-3)×9=900$,
$□-3=100$, $□=103$ ➡ 어떤 수: 103

2 ❶ 참외 1개의 값을 □원이라 했을 때 복숭아 4개와 참외 3개의 값을 구하는 식:
$2300×4+□×3$

❷ $2300×4+□×3=14000$,
$9200+□×3=14000$, $□×3=4800$,
$□=1600$ ➡ 참외 1개의 값: 1600원

3 ❶ 어떤 수를 □라 하여 잘못 계산한 식 세우기:
$(27+□)×6-15=255$

❷ $(27+□)×6-15=255$,
$(27+□)×6=270$, $27+□=45$, $□=18$
➡ 어떤 수: 18

❸ 바르게 계산한 값: $27+18×6-15=120$

4 ❶ 사자 수: □, 공작새 수: $100-□$

❷ 사자의 다리 수: $4×□$,
공작새의 다리 수: $2×(100-□)$

❸ $4×□+2×(100-□)=324$,
$4×□+2×100-2×□=324$,
$2×□=124$, $□=62$
➡ 사자 수: 62마리

5 ❶ 팝콘 수: □, 나초 수: $12-□$

❷ 팝콘 전체 금액: $5500×□$,
나초 전체 금액: $4000×(12-□)$

❸ $60000-(5500×□+4000×(12-□))=3000$,
$□=6$ ➡ 팝콘 수: 6개

6 ❶ 우유 가격이 내리기 전 날수: □,
우유 가격이 내린 후 날수: $30-□$

❷ 가격이 내리기 전 우윳값을 구하는 식: $700×□$
가격이 내린 후 우윳값을 구하는 식:
$660×(30-□)$

❸ $700×□+660×(30-□)=20200$, $□=10$

❹ 6월 10일까지 700원을 냈으므로 660원으로 배달되기 시작한 날은 6월 11일이다.

1주 5일 복습   9~10쪽

1 224	**2** 60
3 풀이 참고, 548초	

1 ❶ 어떤 수를 □라 하여 잘못 계산한 식을 세우면
$(□+7)÷8×6=126$이다.

❷ $(□+7)÷8×6=126$, $(□+7)÷8=21$,
$□+7=168$, $□=161$ ➡ 어떤 수: 161

❸ 바르게 계산한 값: $(161+7)×8÷6$
$=168×8÷6=1344÷6=224$

2 ❶ 어떤 수를 □라 하여 잘못 계산한 식을 세우면
$(48+□)×3÷6=33$이다.

❷ $(48+□)×3÷6=33$, $(48+□)×3=198$,
$48+□=66$, $□=18$ ➡ 어떤 수: 18

❸ 바르게 계산한 값: $(48-18)÷3×6$
$=30÷3×6=10×6=60$

3 ❶ (1층부터 10층까지 올라가는 데 걸린 시간)
=(9개의 층을 올라가는 데 걸린 시간)=144초
(한 층을 올라가는 데 걸린 시간)
$=144÷9=16$(초)

❷ (1층부터 15층까지 쉬지 않고 올라가는 데 걸린 시간)$=16×14=224$(초)

❸ (15층부터 24층까지 올라간 층수)=9개
(15층에 도착한 때부터 24층에 도착할 때까지 쉰 횟수)=9번
(15층에 도착한 때부터 24층에 도착할 때까지 걸린 시간)$=16×9+20×9=324$(초)

❹ (1층부터 24층에 도착할 때까지 걸린 시간)
$=224+324=548$(초)

2주 약수와 배수

2주 1일 복습   11 ~ 12 쪽

1 11개	**2** 원희, 2번
3 5번	**4** 오전 11시 36분
5 60초	**6** 5번

1 ❶ 8의 배수: 8, 16, 24, 32, 40, 48
➡ 그린 ■의 개수: 6개
❷ 9의 배수: 9, 18, 27, 36, 45
➡ 그린 ▲의 개수: 5개
❸ (이나가 그린 ■와 ▲의 개수)＝6＋5＝11(개)

2 ❶ 7의 배수: 7, 14, 21, 28
➡ 준우가 태권도 학원에 간 횟수: 4번
❷ 5의 배수: 5, 10, 15, 20, 25, 30
➡ 원희가 태권도 학원에 간 횟수: 6번
❸ 원희가 준우보다 태권도 학원에 6－4＝2(번)
더 많이 가게 된다.

3 ❶ 4의 배수: 4, 8, 12, 16, 20, 24, 28
➡ 소영이가 수학 학원에 간 횟수: 7번
❷ 3과 4의 공배수: 12, 24
➡ 두 사람이 동시에 수학 학원에 간 횟수: 2번
❸ (두 사람 중에 소영이만 수학 학원에 간 횟수)
＝7－2＝5(번)

4 ❶ 3) 18 21   ➡ 18과 21의 최소공배수: 126
      6   7
➡ 두 버스는 126분마다 동시에 도착한다.
❷ 바로 다음번에 두 버스가 동시에 도착하는 시각은 오전 9시 30분에서 126분(＝2시간 6분)이 지난 오전 11시 36분이다.

5 ❶ ㉠ 건물의 항공 장애 표시등은 7＋5＝12(초)마다 켜지고 ㉡ 건물의 항공 장애 표시등은 10＋10＝20(초)마다 켜진다.
❷ 2) 12 20 ➡ 12와 20의 최소공배수: 60
   2) 6 10
       3   5
➡ 두 건물에 있는 항공 장애 표시등이 바로 다음번에 동시에 켜질 때까지 걸리는 시간은 60초이다.

6 ❶ 2) 6 8   ➡ 6과 8의 최소공배수: 24
      3 4
➡ 두 사람은 출발점에서 24분 후에 처음으로 만난다.
❷ 두 사람은 출발점에서 24분 후, 48분 후, 72분 후, 96분 후, 120분 후에 만난다.
❸ 두 사람은 2시간 동안 출발점에서 5번 만난다.

2주 2일 복습   13 ~ 14 쪽

1 18명	**2** 14
3 12명	**4** 79개
5 340	**6** 244명

1 ❶ (실제로 나누어 준 색종이 수)＝60－6＝54(장)
(실제로 나누어 준 가위 수)＝40－4＝36(개)
❷ 3) 54 36 ➡ 54와 36의 최대공약수: 18
   3) 18 12 ➡ 최대 18명에게 똑같이 나누
   2) 6   4   어 주었다.
       3   2

2 ❶ 46－4＝42, 73－3＝70
❷ 2) 42 70 ➡ 42와 70의 최대공약수: 14
   7) 21 35 ➡ 어떤 수가 될 수 있는 수 중
       3   5   에서 가장 큰 수: 14

3 ❶ (실제로 필요한 공책 수)＝50－2＝48(권)
(실제로 필요한 연필 수)＝55＋5＝60(자루)
❷ 2) 48 60 ➡ 48과 60의 최대공약수: 12
   2) 24 30 ➡ 최대 12명에게 똑같이 나누
   3) 12 15   어 주려고 했다.
       4   5

4 ❶ 2) 18 24 ➡ 18과 24의 최소공배수: 72
   3) 9 12
       3   4
❷ 하연이가 직접 만든 마카롱은 적어도
72＋7＝79(개)이다.

5 ❶

$$
\begin{array}{r}
2)\ \underline{56\quad 48} \\
2)\ \underline{28\quad 24} \\
2)\ \underline{14\quad 12} \\
7\quad\ 6
\end{array}
$$

➡ 56과 48의 최소공배수: 336

❷ 어떤 수가 될 수 있는 수 중에서 가장 작은 수 는 336＋4＝340이다.

6 ❶

$$
\begin{array}{r}
2)\ \underline{12\quad 16} \\
2)\ \underline{6\quad\ 8} \\
3\quad\ 4
\end{array}
$$

➡ 12와 16의 최소공배수: 48

❷ 48＋4＝52, 48×2＋4＝100,
48×3＋4＝148, 48×4＋4＝196,
48×5＋4＝244, 48×6＋4＝292, ...
➡ 전교생 수는 200명보다 많고 250명보다 적 으므로 244명이다.

2주 3일 복습 15 ~ 16 쪽

1 270 cm	**2** 1296 cm
3 42장	**4** 9 cm
5 35장	**6** 20개

1 ❶

$$
\begin{array}{r}
3)\ \underline{54\quad 45} \\
3)\ \underline{18\quad 15} \\
6\quad\ 5
\end{array}
$$

➡ 54와 45의 최소공배수: 270

❷ 가장 작은 정사각형의 한 변의 길이: 270 cm

2 ❶

$$
\begin{array}{r}
3)\ \underline{72\quad 81} \\
3)\ \underline{24\quad 27} \\
8\quad\ 9
\end{array}
$$

➡ 72와 81의 최소공배수: 648

❷ 가장 작은 정사각형의 한 변의 길이: 648 cm
➡ 두 번째로 작은 정사각형의 한 변의 길이:
648×2＝1296 (cm)

3 ❶

$$
\begin{array}{r}
2)\ \underline{42\quad 36} \\
3)\ \underline{21\quad 18} \\
7\quad\ 6
\end{array}
$$

➡ 42와 36의 최소공배수: 252
➡ 가장 작은 정사각형의 한 변 의 길이: 252 cm

❷ (가로에 이어 붙이는 종이 수)＝252÷42＝6(장)
(세로에 이어 붙이는 종이 수)＝252÷36＝7(장)
➡ (필요한 종이 수)＝6×7＝42(장)

---

4 ❶

$$
\begin{array}{r}
3)\ \underline{45\quad 81} \\
3)\ \underline{15\quad 27} \\
5\quad\ 9
\end{array}
$$

➡ 45와 81의 최대공약수: 9

❷ 가장 큰 정사각형의 한 변의 길이: 9 cm

5 ❶

$$
\begin{array}{r}
2)\ \underline{60\quad 84} \\
2)\ \underline{30\quad 42} \\
3)\ \underline{15\quad 21} \\
5\quad\ 7
\end{array}
$$

➡ 60과 84의 최대공약수: 12
➡ 가장 큰 정사각형의 한 변의 길이: 12 cm

❷ (가로를 잘라 나오는 정사각형 수)
＝60÷12＝5(장)
(세로를 잘라 나오는 정사각형 수)
＝84÷12＝7(장)
➡ (만들 수 있는 가장 큰 정사각형 수)
＝5×7＝35(장)

6 ❶

$$
\begin{array}{r}
3)\ \underline{72\quad 45\quad 54} \\
3)\ \underline{24\quad 15\quad 18} \\
8\quad\ 5\quad\ 6
\end{array}
$$

➡ 72, 45, 54의 최대공약 수: 9

➡ 기둥과 기둥 사이의 간격: 9 m

❷ (울타리의 전체 길이)＝72＋45＋54＝171 (m)

❸ 전체 길이 171 m에 9 m 간격으로 처음과 끝 을 포함하여 기둥을 세워야 하므로 기둥은 적 어도 171÷9＋1＝20(개)가 필요하다.

2주 4일 복습 17 ~ 18 쪽

1 7바퀴	**2** 7바퀴, 9바퀴	**3** 40분
4 112	**5** 105, 280	**6** 405

1 ❶

$$
\begin{array}{r}
2)\ \underline{42\quad 98} \\
7)\ \underline{21\quad 49} \\
3\quad\ 7
\end{array}
$$

➡ 42와 98의 최소공배수: 294
➡ 두 톱니가 각각 294개씩 움 직였을 때 다시 만난다.

❷ ㉮ 톱니바퀴는 적어도 294÷42＝7(바퀴)를 돌아야 한다.

2 ❶

$$
\begin{array}{r}
3)\ \underline{81\quad 63} \\
3)\ \underline{27\quad 21} \\
9\quad\ 7
\end{array}
$$

➡ 81과 63의 최소공배수: 567
➡ 두 톱니가 각각 567개씩 움 직였을 때 다시 만난다.

❷ 왼쪽 톱니바퀴는 적어도 567÷81＝7(바퀴)를 돌아야 한다.
오른쪽 톱니바퀴는 적어도 567÷63＝9(바퀴) 를 돌아야 한다.

3 ❶

$$
\begin{array}{r|rr}
2) & 70 & 126 \\
7) & 35 & 63 \\
\hline
& 5 & 9
\end{array}
$$

➡ 70과 126의 최소공배수: 630

➡ 두 톱니가 각각 630개씩 움직였을 때 다시 만난다.

❷ ㉯ 톱니바퀴는 적어도 630÷126=5(바퀴)를 돌아야 한다.

❸ 처음에 맞물렸던 두 톱니가 다시 만날 때까지 걸리는 시간은 적어도 8×5=40(분)이다.

4 ❶

$$
\begin{array}{r|rr}
16) & ㉠ & 32 \\
\hline
& ■ & 2
\end{array}
$$

❷ ㉠과 32의 최소공배수: 16×■×2=224

➡ 32×■=224, ■=7

❸ ㉠=16×■=16×7=112

5 ❶

$$
\begin{array}{r|rr}
35) & ㉠ & ㉡ \\
\hline
& 3 & ■
\end{array}
$$

❷ ㉠과 ㉡의 최소공배수: 35×3×■=840

➡ 105×■=840, ■=8

❸ ㉠=35×3=105

㉡=35×■=35×8=280

6 ❶

$$
\begin{array}{r|rr}
45) & ㉠ & ㉡ \\
\hline
& ■ & ▲
\end{array}
$$

❷ ㉠과 ㉡의 최소공배수: 45×■×▲=405

➡ ■×▲=9

❸ ㉠>㉡이므로 ■>▲이다.

➡ ■×▲=9이므로 ■=9, ▲=1이다.

❹ ㉠=45×■=45×9=405

2주 5일 복습 19~20쪽

1 80	**2** 360
3 487개	**4** 485개

1 ❶ 48과 ㉠의 최대공약수는 16이므로 ㉠은 16의 배수이다. 120과 ㉠의 최대공약수는 40이므로 ㉠은 40의 배수이다. 따라서 ㉠은 16과 40의 공배수이다.

❷ ㉠이 될 수 있는 수 중에서 가장 작은 수를 구해야 하므로 16과 40의 최소공배수를 구한다.

$$
\begin{array}{r|rr}
2) & 16 & 40 \\
2) & 8 & 20 \\
2) & 4 & 10 \\
\hline
& 2 & 5
\end{array}
$$

➡ 16과 40의 최소공배수: 80
따라서 ㉠이 될 수 있는 수 중에서 가장 작은 수는 80이다.

2 ❶ 105와 ㉠의 최대공약수는 24이므로 ㉠은 24의 배수이다. 150과 ㉠의 최대공약수는 30이므로 ㉠은 30의 배수이다. 따라서 ㉠은 24와 30의 공배수이다.

❷

$$
\begin{array}{r|rr}
2) & 24 & 30 \\
3) & 12 & 15 \\
\hline
& 4 & 5
\end{array}
$$

➡ 24와 30의 최소공배수: 120

120×1=120, 120×2=240, 120×3=360, …이므로 ㉠이 될 수 있는 수 중에서 세 번째로 작은 수는 360이다.

3 ❶ (막대사탕이 가장 많을 때 막대사탕 수)
=45×11+40×1=535(개)

❷ (막대사탕이 가장 적을 때 막대사탕 수)
=45×1+40×11=485(개)

❸ 막대사탕을 한 봉지에 70개씩 나누어 담았으므로 70의 배수를 이용한다.

위 ❶과 ❷에서 구한 막대사탕 수의 범위 안에서 70의 배수는 490이고, 마지막 봉지에서 3개가 모자라므로 막대사탕은 모두 490-3=487(개)이다.

> **참고**
> ❶ 막대사탕이 가장 많을 때는 막대사탕이 45개씩 들어 있는 상자가 11개이고, 40개 들어 있는 상자가 1개일 때이다.
> ❷ 막대사탕이 가장 적을 때는 막대사탕이 45개 들어 있는 상자가 1개이고, 40개씩 들어 있는 상자가 11개일 때이다.

4 ❶ (젤리가 가장 많을 때 젤리 수)
=32×15+25×1=505(개)

❷ (젤리가 가장 적을 때 젤리 수)
=32×1+25×15=407(개)

❸ 젤리를 한 봉지에 80개씩 나누어 담았으므로 80의 배수를 이용한다.

위 ❶과 ❷에서 구한 젤리 수의 범위 안에서 80의 배수는 480이고, 5개가 남으므로 젤리는 모두 480+5=485(개)이다.

> **참고**
> ❶ 젤리가 가장 많을 때는 젤리가 32개씩 들어 있는 상자가 15개이고, 25개 들어 있는 상자가 1개일 때이다.
> ❷ 젤리가 가장 적을 때는 젤리가 32개 들어 있는 상자가 1개이고, 25개씩 들어 있는 상자가 15개일 때이다.

정답과 해설

3주 약분과 통분/분수의 덧셈과 뺄셈

3주 1일 복습   21~22쪽

1 $\dfrac{9}{25}$ 2 $\dfrac{5}{14}$ 3 $\dfrac{4}{15}$

4 $\dfrac{42}{48}$ 5 $\dfrac{105}{168}$ 6 $\dfrac{21}{63}$

1 ❶ (전체 피자 수)$=36+26+38=100$(조각)

  ❷ 치즈피자 수는 전체 피자 수의 $\dfrac{36}{100}=\dfrac{9}{25}$이다.

2 ❶ (남은 구슬 수)$=70-18-27=25$(개)

  ❷ 남은 구슬 수는 처음 구슬 수의 $\dfrac{25}{70}=\dfrac{5}{14}$이다.

3 ❶ (처음에 있던 전체 책 수)$=23+17+35=75$(권)

  ❷ (남은 동화책 수)$=23-3=20$(권)

  ❸ 남은 동화책 수는 처음에 있던 전체 책 수의 $\dfrac{20}{75}=\dfrac{4}{15}$이다.

4 ❶ 어떤 분수를 $\dfrac{7\times\bullet}{8\times\bullet}$로 나타내면

  ❷ $8\times\bullet+7\times\bullet=90$, $15\times\bullet=90$, $\bullet=6$

  ❸ (어떤 분수)$=\dfrac{7\times6}{8\times6}=\dfrac{42}{48}$

5 ❶ 어떤 분수를 $\dfrac{5\times\bullet}{8\times\bullet}$로 나타내면

  ❷ $8\times\bullet-5\times\bullet=63$, $3\times\bullet=63$, $\bullet=21$

  ❸ (어떤 분수)$=\dfrac{5\times21}{8\times21}=\dfrac{105}{168}$

6 ❶ 새로 만든 분수를 $\dfrac{4\times\bullet}{9\times\bullet}$로 나타내면

  ❷ $9\times\bullet-4\times\bullet=35$, $5\times\bullet=35$, $\bullet=7$

  ❸ (새로 만든 분수)$=\dfrac{4\times7}{9\times7}=\dfrac{28}{63}$

  ❹ (효진이가 생각한 분수)$=\dfrac{28-7}{63}=\dfrac{21}{63}$

3주 2일 복습   23~24쪽

1 병원

2 딸기잼, 복숭아잼, 사과잼

3 예서, 해나, 기준

4 $\dfrac{36}{72}$, $\dfrac{40}{72}$

5 $\dfrac{29}{60}$, $\dfrac{31}{60}$

6 $\dfrac{57}{80}$ L

1 ❶ $2.5=2\dfrac{5}{10}$

  ❷ $2\dfrac{7}{20}=2\dfrac{21}{60}$, $2\dfrac{1}{3}=2\dfrac{20}{60}$, $2\dfrac{5}{10}=2\dfrac{30}{60}$

  ➡ $2\dfrac{30}{60}>2\dfrac{21}{60}>2\dfrac{20}{60}$이므로 지웅이네 집에서 가장 먼 곳은 병원이다.

2 ❶ 6.6을 분수로 나타내기

    $6.6=6\dfrac{6}{10}$

  ❷ 딸기잼, 사과잼, 복숭아잼의 무게 비교하기

    $6\dfrac{11}{15}=6\dfrac{44}{60}$, $6\dfrac{7}{12}=6\dfrac{35}{60}$, $6\dfrac{6}{10}=6\dfrac{36}{60}$

  ➡ $6\dfrac{44}{60}>6\dfrac{36}{60}>6\dfrac{35}{60}$이므로 무게가 무거운 것부터 차례로 쓰면 딸기잼, 복숭아잼, 사과잼이다.

3 [전략] 우유 전체 양을 1이라고 하여 해나가 마신 우유의 양을 구한 다음 세 사람이 마신 우유의 양을 비교하자.

  ❶ $0.3=\dfrac{3}{10}$

  ❷ 우유 전체 양을 1이라고 하면 해나가 마신 우유는 전체 양의 $1-\dfrac{3}{10}-\dfrac{3}{8}=\dfrac{13}{40}$이다.

  ❸ $\dfrac{3}{10}=\dfrac{12}{40}$, $\dfrac{3}{8}=\dfrac{15}{40}$, $\dfrac{13}{40}$

  ➡ $\dfrac{12}{40}<\dfrac{13}{40}<\dfrac{15}{40}$이므로 우유를 적게 마신 사람부터 차례로 이름을 쓰면 예서, 해나, 기준이다.

4 ❶ $\dfrac{4}{9}$와 $\dfrac{7}{12}$을 분모가 72인 분수로 통분하기

$$\left(\dfrac{4}{9},\ \dfrac{7}{12}\right) \rightarrow \left(\dfrac{32}{72},\ \dfrac{42}{72}\right)$$

❷ 위 ❶에서 구한 두 분수 사이의 분수 중에서 분자가 4의 배수인 분수 구하기

$\dfrac{32}{72}$보다 크고 $\dfrac{42}{72}$보다 작은 분수 중에서 분자가 4의 배수인 분수는 $\dfrac{36}{72}$, $\dfrac{40}{72}$이다.

5 ❶ $\left(\dfrac{2}{5},\ \dfrac{8}{15}\right) \rightarrow \left(\dfrac{24}{60},\ \dfrac{32}{60}\right)$

❷ $\dfrac{24}{60}$보다 크고 $\dfrac{32}{60}$보다 작은 분수 중에서 기약분수는 $\dfrac{29}{60}$, $\dfrac{31}{60}$이다.

6 ❶ $\dfrac{13}{20}$과 $\dfrac{3}{4}$을 분모가 80인 분수로 통분하기

$$\left(\dfrac{13}{20},\ \dfrac{3}{4}\right) \rightarrow \left(\dfrac{52}{80},\ \dfrac{60}{80}\right)$$

❷ 위 ❶에서 구한 두 분수 사이에 있는 기약분수 구하기

$\dfrac{52}{80}$와 $\dfrac{60}{80}$ 사이의 분수 중에서 기약분수는 $\dfrac{53}{80}$, $\dfrac{57}{80}$, $\dfrac{59}{80}$이다.

❸ 음료수의 양 구하기

찾은 기약분수 중 두 번째로 작은 수는 $\dfrac{57}{80}$이다.

➡ 음료수의 양: $\dfrac{57}{80}$ L

3주 3일 복습 **25~26 쪽**

1 $2\dfrac{13}{16}$ m **2** $10\dfrac{1}{9}$ m

3 풀이 참조, $3\dfrac{1}{21}$ km **4** $3\dfrac{2}{15}$ L

5 $3\dfrac{1}{45}$ kg **6** $2\dfrac{3}{56}$ kg

---

1 ❶ (색 테이프 2장의 길이의 합)

$$=1\dfrac{9}{16}+1\dfrac{5}{12}$$
$$=1\dfrac{27}{48}+1\dfrac{20}{48}=2\dfrac{47}{48}\ (\text{m})$$

❷ (이은 색 테이프 전체의 길이)

$$=2\dfrac{47}{48}-\dfrac{1}{6}$$
$$=2\dfrac{47}{48}-\dfrac{8}{48}$$
$$=2\dfrac{39}{48}=2\dfrac{13}{16}\ (\text{m})$$

2 ❶ (색 테이프 3장의 길이의 합)

$$=2\dfrac{1}{4}+3\dfrac{2}{3}+4\dfrac{7}{9}$$
$$=2\dfrac{9}{36}+3\dfrac{24}{36}+4\dfrac{28}{36}$$
$$=9\dfrac{61}{36}=10\dfrac{25}{36}\ (\text{m})$$

❷ (겹쳐진 부분의 길이의 합)

$$=\dfrac{7}{24}+\dfrac{7}{24}$$
$$=\dfrac{14}{24}=\dfrac{7}{12}\ (\text{m})$$

❸ (이은 색 테이프 전체의 길이)

$$=10\dfrac{25}{36}-\dfrac{7}{12}$$
$$=10\dfrac{25}{36}-\dfrac{21}{36}$$
$$=10\dfrac{4}{36}=10\dfrac{1}{9}\ (\text{m})$$

3 그림 그리기

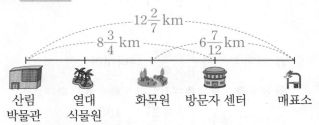

❶ (산림 박물관에서 방문자 센터까지의 거리) + (화목원에서 매표소까지의 거리)

$$=8\dfrac{3}{4}+6\dfrac{7}{12}=8\dfrac{9}{12}+6\dfrac{7}{12}=14\dfrac{16}{12}$$
$$=15\dfrac{4}{12}=15\dfrac{1}{3}\ (\text{km})$$

❷ (화목원과 방문자 센터 사이의 거리)

$$=15\dfrac{1}{3}-12\dfrac{2}{7}=15\dfrac{7}{21}-12\dfrac{6}{21}=3\dfrac{1}{21}\ (\text{km})$$

4 ❶ (각자 만든 초코 우유의 양)

$$=1\frac{5}{6}+1\frac{5}{6}$$

$$=2\frac{10}{6}=3\frac{4}{6}=3\frac{2}{3}\ (L)$$

❷ (재준이에게 남은 초코 우유의 양)

$$=3\frac{2}{3}-\frac{8}{15}$$

$$=3\frac{10}{15}-\frac{8}{15}=3\frac{2}{15}\ (L)$$

5 ❶ (설탕의 반만큼의 무게)

$$=4\frac{7}{9}-3\frac{4}{15}$$

$$=4\frac{35}{45}-3\frac{12}{45}=1\frac{23}{45}\ (kg)$$

❷ (설탕 전체의 무게)

$$=1\frac{23}{45}+1\frac{23}{45}$$

$$=2\frac{46}{45}=3\frac{1}{45}\ (kg)$$

> **참고**
> ❶ (설탕의 반만큼의 무게)
> =(설탕이 가득 들어 있는 통의 무게)−(반을 덜어
> 낸 후 통의 무게)
> ❷ (설탕 전체의 무게)
> =(설탕 반만큼의 무게)+(설탕 반만큼의 무게)

6 ❶ (쌀의 반만큼의 무게)

$$=7\frac{3}{8}-4\frac{5}{7}$$

$$=7\frac{21}{56}-4\frac{40}{56}$$

$$=6\frac{77}{56}-4\frac{40}{56}$$

$$=2\frac{37}{56}\ (kg)$$

❷ (빈 쌀통의 무게)

$$=4\frac{5}{7}-2\frac{37}{56}$$

$$=4\frac{40}{56}-2\frac{37}{56}=2\frac{3}{56}\ (kg)$$

3주 4일 복습 27~28쪽

1 10일	**2** 6일
3 2일	**4** 오전 11시 36분
5 오후 6시 25분	**6** 오전 11시 20분

1 ❶ 하루에 하는 일의 양은 하빈이는 전체의 $\frac{1}{15}$,

선주는 전체의 $\frac{1}{30}$이다.

❷ 두 사람이 함께 하루에 하는 일의 양은 전체의

$\frac{1}{15}+\frac{1}{30}=\frac{2}{30}+\frac{1}{30}=\frac{3}{30}=\frac{1}{10}$이다.

❸ 일을 모두 마치는 데 10일이 걸린다.

2 ❶ 하루에 하는 청소의 양은 ㉠ 로봇은 전체의 $\frac{1}{9}$,

㉡ 로봇은 전체의 $\frac{1}{18}$이다.

❷ 두 로봇을 함께 사용했을 때 하루에 하는 청소의

양은 전체의 $\frac{1}{9}+\frac{1}{18}=\frac{2}{18}+\frac{1}{18}=\frac{3}{18}=\frac{1}{6}$이다.

❸ 청소를 모두 마치는 데 6일이 걸린다.

3 ❶ 하루에 하는 일의 양은 지수는 전체의 $\frac{1}{4}$, 우영

이는 전체의 $\frac{1}{6}$, 누리는 전체의 $\frac{1}{12}$이다.

❷ 세 사람이 함께 하루에 하는 일의 양은 전체의

$\frac{1}{4}+\frac{1}{6}+\frac{1}{12}=\frac{3}{12}+\frac{2}{12}+\frac{1}{12}=\frac{6}{12}=\frac{1}{2}$이다.

❸ 일을 모두 마치는 데 2일이 걸린다.

4 ❶ (직업 체험을 하는 데 걸린 시간)

$$=\frac{13}{20}+\frac{7}{10}$$

$$=\frac{13}{20}+\frac{14}{20}$$

$$=\frac{27}{20}=1\frac{7}{20}\ (시간)$$

❷ $\frac{7}{20}$시간=21분이므로 $1\frac{7}{20}$시간=1시간 21분
이다.

❸ (직업 체험을 마친 시각)
=오전 10시 15분+1시간 21분
=오전 11시 36분

5 ❶ (1부를 본 시간)＋(쉰 시간)＋(2부를 본 시간)

$$= \frac{3}{4} + \frac{1}{3} + \frac{5}{6}$$

$$= \frac{9}{12} + \frac{4}{12} + \frac{10}{12}$$

$$= \frac{23}{12} = 1\frac{11}{12}(시간)$$

❷ $\frac{11}{12}$시간＝55분이므로 $1\frac{11}{12}$시간＝1시간 55분이다.

❸ (공연장에서 나온 시각)
＝오후 4시 30분＋1시간 55분
＝오후 6시 25분

6 ❶ $\frac{2}{3} + \frac{1}{6} + \frac{2}{3} + \frac{1}{6} + \frac{2}{3}$

$$= \frac{4}{6} + \frac{1}{6} + \frac{4}{6} + \frac{1}{6} + \frac{4}{6}$$

$$= \frac{14}{6} = 2\frac{2}{6} = 2\frac{1}{3}(시간)$$

❷ $\frac{1}{3}$시간＝20분이므로 $2\frac{1}{3}$시간＝2시간 20분이다.

❸ (3교시가 끝나는 시각)
＝오전 9시＋2시간 20분
＝오전 11시 20분

3주 5일 복습 **29~30** 쪽

1	128 L	2	종범
3	$\frac{15}{35}$	4	$\frac{22}{6}$, $\frac{36}{20}$

1 ❶ $\frac{1}{4} + \frac{5}{8} = \frac{2}{8} + \frac{5}{8} = \frac{7}{8}$

➡ 사용한 페인트는 전체의 $\frac{7}{8}$이다.

❷ $1 - \frac{7}{8} = \frac{1}{8}$

➡ 남은 페인트는 전체의 $\frac{1}{8}$이다.

❸ 남은 페인트 16 L가 전체의 $\frac{1}{8}$이므로 처음에 가지고 있던 페인트는 16×8＝128 (L)이다.

---

2 ❶ 정후가 처음에 가지고 있던 귤의 수 구하기

정후: $1 - \frac{2}{3} = \frac{1}{3}$ ➡ 남은 귤은 전체의 $\frac{1}{3}$이다.

남은 귤 18개가 전체의 $\frac{1}{3}$이므로 처음에 가지고 있던 귤은 18×3＝54(개)이다.

❷ 종범이가 처음에 가지고 있던 귤의 수 구하기

종범: $1 - \frac{5}{6} = \frac{1}{6}$ ➡ 남은 귤은 전체의 $\frac{1}{6}$이다.

남은 귤 10개가 전체의 $\frac{1}{6}$이므로 처음에 가지고 있던 귤은 10×6＝60(개)이다.

❸ 위 ❶과 ❷에서 구한 수를 비교하여 더 큰 수 찾기

54＜60이므로 처음에 귤을 더 많이 가지고 있던 사람은 종범이다.

---

3 ❶ 분모와 분자의 합이 10인 진분수는 $\frac{1}{9}$, $\frac{2}{8}$, $\frac{3}{7}$,

$\frac{4}{6}$이고, 그중 기약분수는 $\frac{1}{9}$, $\frac{3}{7}$이다.

❷ • $\frac{1}{9} = \frac{2}{18} = \frac{3}{27} = \cdots$

➡ $\frac{1}{9}$은 분모와 분자의 차가 20인 분수를 만들 수 없다.

• $\frac{3}{7} = \frac{6}{14} = \cdots = \frac{12}{28} = \frac{15}{35} = \cdots$

➡ 분모와 분자의 차가 20인 분수는 $\frac{15}{35}$이다.

❸ 조건을 모두 만족하는 진분수는 $\frac{15}{35}$이다.

---

4 ❶ 분모와 분자의 합이 14인 가분수는 $\frac{13}{1}$, $\frac{12}{2}$,

$\frac{11}{3}$, $\frac{10}{4}$, $\frac{9}{5}$, $\frac{8}{6}$, $\frac{7}{7}$이고, 그중 기약분수는

$\frac{11}{3}$, $\frac{9}{5}$이다.

❷ • $\frac{11}{3} = \frac{22}{6} = \cdots$

➡ 분모와 분자의 차가 16인 분수는 $\frac{22}{6}$이다.

• $\frac{9}{5} = \frac{18}{10} = \frac{27}{15} = \frac{36}{20} = \cdots$

➡ 분모와 분자의 차가 16인 분수는 $\frac{36}{20}$이다.

❸ 조건을 모두 만족하는 가분수는 $\frac{22}{6}$, $\frac{36}{20}$이다.

4주 다각형의 둘레와 넓이/규칙과 대응

4주 1일 복습 31~32쪽

1 3 cm	**2** 225 cm²
3 484 cm²	**4** 28 m
5 48 cm / 16 cm	**6** 76 cm

1 ❶ (정구각형 한 개의 둘레)=81÷3=27 (cm)
   ❷ (정구각형의 한 변의 길이)=27÷9=3 (cm)

2 ❶ (정육각형 모양의 보석함 윗면의 둘레)
    =10×6=60 (cm)
   ❷ (정사각형 모양의 보석함 윗면의 한 변의 길이)
    =60÷4=15 (cm)
   ❸ (정사각형 모양의 보석함 윗면의 넓이)
    =15×15=225 (cm²)

3 ❶ (직사각형 모양의 액자의 둘레)
    =(12+10)×2=44 (cm)
   ❷ (정사각형 모양의 액자의 한 변의 길이)
    =44÷4=11 (cm)
   ❸ (정사각형 모양의 액자의 넓이)
    =11×11=121 (cm²)
   ❹ (정사각형 모양의 액자 4개의 넓이)
    =121×4=484 (cm²)

4 ❶ 직사각형 모양 울타리의 가로를 □m라고 하면
    세로는 (□−15) m이다.
   ❷ (가로와 세로의 길이의 합)=82÷2=41 (m)
   ❸ □+□−15=41
    ➡ □+□=56, □=28이므로
      가로는 28 m이다.

5 ❶ 직사각형의 세로를 □cm라고 하면
    가로는 (□×3) cm이다.
   ❷ (가로와 세로의 길이의 합)=128÷2=64 (cm)
   ❸ □+□×3=64
    ➡ □×4=64, □=16이므로
      가로는16×3=48 (cm)이고,
      세로는16 cm이다.

6 ❶ 직사각형의 가로를 □cm라고 하면
    세로는 (□+8) cm이다.
   ❷ (가로와 세로의 길이의 합)=96÷2=48 (cm)
   ❸ □+□+8=48
    ➡ □+□=40, □=20이므로 가로는 20 cm
      이고, 세로는 20+8=28 (cm)이다.
   ❹ 잘라 만든 직사각형 한 개는 가로가
    20÷2=10 (cm), 세로가 28 cm인 직사각형
    이므로 둘레는 (10+28)×2=76 (cm)이다.

4주 2일 복습 33~34쪽

1 128 cm	**2** 135 cm
3 28 cm	**4** 64 cm
5 78 cm	**6** 80 cm

1 ❶ (정사각형의 한 변의 길이)
    =32÷4=8 (cm)
   ❷ 도형은 정사각형의 변 16개로 둘러싸여 있으므로
    (만든 도형의 둘레)=8×16=128 (cm)이다.

2 ❶ (정삼각형의 한 변의 길이)
    =27÷3=9 (cm)
   ❷ (만든 도형의 둘레)=9×6+27×3
                =54+81=135 (cm)

> **참고**
> 도형은 정삼각형의 변 6개와 정사각형의 변 3개로
> 둘러싸여 있다.

3 ❶ 12×12=144이므로 만든 정사각형의 한 변
    의 길이는 12 cm이다.
   ❷ (직사각형의 가로)=12 cm
    (직사각형의 세로)=12÷6=2 (cm)
   ❸ (직사각형 한 개의 둘레)=(12+2)×2=28 (cm)

4 ❶

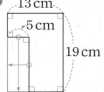

변을 옮기면 가로가 13 cm, 세로가 19 cm인 직사각형이 된다.

❷ (도형의 둘레)
  =(13+19)×2=64 (cm)

5

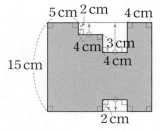

❶ 변을 옮기면 가로가 5+4+4+4=17 (cm), 세로가 15 cm인 직사각형이 되고,
  길이가 2 cm, 3 cm, 2+3=5 (cm), 2 cm, 2 cm인 변이 남는다.

❷ (만든 모양의 둘레)
  =(17+15)×2+2+3+5+2+2=78 (cm)

6

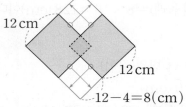

12−4=8(cm)

❶ 겹쳐진 부분의 정사각형의 한 변의 길이를 □cm라고 하면 □×4=16
  ➡ □=4이다.

❷ 변을 옮기면 한 변의 길이가 12+8=20 (cm)인 정사각형이 된다.

❸ (만들어진 도형의 둘레)
  =20×4=80 (cm)

> 참고
> ❶ 겹쳐진 부분인 정사각형의 한 변의 길이를 □cm라 하면 □+□+□+□=16이므로 □×4=16,
> □=4이다.

---

1 84 cm	**2** 27 cm
3 126 cm²	**4** 120 cm²
5 576 cm²	**6** 176 cm²

1 ❶ 1.05 m²=10500 cm²

❷ 전광판의 세로를 □cm라고 하면 넓이는
  125×□=10500이다.
  ➡ □=84이므로 전광판의 세로는 84 cm이다.

2 ❶ (마름모의 넓이)=36×9÷2=162 (cm²)

❷ 직사각형의 세로를 □cm라고 하면 넓이는
  6×□=162이다.
  ➡ □=27이므로 직사각형의 세로는 27 cm로 해야 한다.

3 ❶ 변 ㄱㄴ의 길이를 □cm라고 하면
  평행사변형 ㅂㄷㄹㅁ의 넓이는 4×□=36이다.
  ➡ □=9이므로 변 ㄱㄴ의 길이는 9 cm이다.

❷ (사다리꼴 ㄱㄴㄹㅁ의 넓이)
  =(11+4+13)×9÷2=126 (cm²)

4 ❶ 마름모의 두 대각선의 길이는 각각
  12×2=24 (cm), 10×2=20 (cm)이다.
  ➡ (마름모의 넓이)=24×20÷2=240 (cm²)

❷ (직사각형의 넓이)=12×10=120 (cm²)

❸ (색칠한 부분의 넓이)=240−120=120 (cm²)

5 ❶ 삼각형 ㄱㄴㄹ은 밑변의 길이가 48 cm, 높이가 24 cm이다.
  ➡ (삼각형 ㄱㄴㄹ의 넓이)
    =48×24÷2=576 (cm²)

❷ 삼각형 ㄱㄴㅁ은 밑변의 길이가 24 cm, 높이가 24 cm이다.
  ➡ (삼각형 ㄱㄴㅁ의 넓이)
    =24×24÷2=288 (cm²)

❸ (색칠한 부분의 넓이)
  =(576−288)×2=576 (cm²)

6 ❶ (정사각형 4개의 넓이의 합)
$= 8 \times 8 + 11 \times 11 + 9 \times 9 + 10 \times 10$
$= 64 + 121 + 81 + 100$
$= 366 \, (\text{cm}^2)$

❷ 색칠하지 않은 삼각형은 밑변의 길이가
$8 + 11 + 9 + 10 = 38 \, (\text{cm})$, 높이가 $10 \, \text{cm}$인
삼각형이므로
(색칠하지 않은 삼각형의 넓이)
$= 38 \times 10 \div 2 = 190 \, (\text{cm}^2)$이다.

❸ (색칠한 부분의 넓이)
$= 366 - 190 = 176 \, (\text{cm}^2)$

4주 4일 복습 37~38쪽

1 60명	**2** 142개
3 9개	**4** 7장, 3장
5 6장, 5장	**6** 4개, 5개

1 ❶

탁자 수(개)	1	2	3	4	…
사람 수(명)	6	12	18	24	…

➡ (사람 수)=(탁자 수)×6

❷ (탁자가 10개일 때 서 있는 사람 수)
$= 10 \times 6 = 60$(명)

2 ❶

식탁 수(개)	1	2	3	4	…
의자 수(개)	6	10	14	18	…

➡ (의자 수)=(식탁 수)×4+2

❷ (식탁이 35개일 때 의자 수)
$= 35 \times 4 + 2 = 142$(개)

3 ❶

정팔각형 수(개)	1	2	3	4	…
이쑤시개 수(개)	8	15	22	29	…

➡ (이쑤시개 수)=(정팔각형 수)×7+1

❷ (정팔각형 수)×7+1=64,
(정팔각형 수)×7=63, (정팔각형 수)=9개

4 ❶ 전체 지폐 수가 10장일 때 금액의 합 알아보기

5000원짜리 지폐 수(장)	1000원짜리 지폐 수(장)	금액의 합(원)
1	9	14000
2	8	18000
3	7	22000
4	6	26000
5	5	30000
6	4	34000
7	3	38000

❷ 희수가 가지고 있는 지폐는 5000원짜리 지폐
7장, 1000원짜리 지폐 3장이다.

5 ❶ 전체 지폐 수가 11장일 때 금액의 합 알아보기

20바트짜리 지폐 수(장)	1	2	3	4	5	6
50바트짜리 지폐 수(장)	10	9	8	7	6	5
금액의 합(바트)	520	490	460	430	400	370

❷ 호준이가 가지고 있는 지폐는 20바트짜리 지폐
6장, 50바트짜리 지폐 5장이다.

6 ❶ 전체 인형 수가 9개일 때 인형값의 합 알아보기

곰 인형 수(개)	토끼 인형 수(개)	인형값의 합(원)
8	1	26500
7	2	26000
6	3	25500
5	4	25000
4	5	24500
3	6	24000
2	7	23500
1	8	23000

❷ 인형값의 합이 25000원보다 적으면서 곰 인형
수가 가능한 한 많은 경우를 찾으면 곰 인형이
4개, 토끼 인형이 5개일 때이다.

> **주의**
> 25000원을 내고 거스름돈을 받았으므로 인형값의 합
> 은 25000원보다 적다.

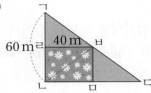

정답과 해설

4주 5일 복습   **39~40**쪽

1 169개	**2** 720원
3 1200 m²	**4** 192 m²

1 ❶

순서(번째)	1	2	3	4	…
초록색 공깃돌의 수(개)	4	8	12	16	…
노란색 공깃돌의 수(개)	5	8	13	20	…

❷ 순서를 ■, 초록색 공깃돌의 수를 ▲, 노란색 공깃돌의 수를 ●라고 할 때
순서와 초록색 공깃돌의 수 사이의 대응 관계:
▲=■×4
순서와 노란색 공깃돌의 수 사이의 대응 관계:
●=■×■+4

❸ (15번째에 놓일 초록색 공깃돌의 수)
=15×4=60(개),
(15번째에 놓일 노란색 공깃돌의 수)
=15×15+4=229(개)
➡ (개수의 차)=229−60=169(개)

2 ❶

순서(번째)	1	2	3	4	…
50원짜리 동전의 수(개)	1	2	3	4	…
10원짜리 동전의 수(개)	4	6	8	10	…

❷ 순서를 ■, 50원짜리 동전의 수를 ▲, 10원짜리 동전의 수를 ●라고 할 때
순서와 50원짜리 동전의 수 사이의 대응 관계:
▲=■
순서와 10원짜리 동전의 수 사이의 대응 관계:
●=■×2+2

❸ (10번째에 놓일 50원짜리 동전의 수)=10개,
(10번째에 놓일 10원짜리 동전의 수)
=10×2+2=22(개)

❹ (10번째에 놓일 동전의 금액의 합)
=50×10+10×22
=500+220=720(원)

3 ❶ 변 ㄴㄷ의 길이를 ■ m라고 하면
■×60÷2=2400이다.
➡ ■×60=4800, ■=80

❷
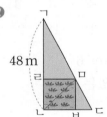

점 ㄴ과 ㅂ을 이어 선분을 긋고, 변 ㅂㅁ의 길이를 ▲ m라고 하면
(삼각형 ㄱㄴㅂ의 넓이)+(삼각형 ㅂㄴㄷ의 넓이)
=(삼각형 ㄱㄴㄷ의 넓이)
60×40÷2+80×▲÷2=2400
➡ 1200+40×▲=2400, 40×▲=1200,
▲=30

❸ 화단을 만든 곳은 가로가 40 m, 세로가 30 m인 직사각형이다.
➡ (넓이)=40×30=1200 (m²)

4 ❶ 변 ㄴㄷ의 길이를 ■ m라고 하면
■×48÷2=576이다.
➡ ■×48=1152, ■=24

❷

점 ㄴ과 점 ㅁ을 이어 선분을 긋고,
정사각형 ㄹㄴㅂㅁ의 한 변을 ▲ m라고 하면
(삼각형 ㄱㄴㅁ의 넓이)+(삼각형 ㅁㄴㄷ의 넓이)
=(삼각형 ㄱㄴㄷ의 넓이)
48×▲÷2+24×▲÷2=576
➡ 24×▲+12×▲=576, 36×▲=576,
▲=16

❸ 비닐하우스를 세운 부분은 한 변이 16 m인 정사각형 넓이의 $\frac{3}{4}$이다.
➡ (넓이)=16×16×$\frac{3}{4}$=192 (m²)

> 참고
> (비닐하우스를 세운 부분의 넓이)=(밭의 넓이)×$\frac{3}{4}$

MEMO

찐 천재님들의 거짓없는 솔직 후기

천재교육 도서의 사용 후기를 남겨주세요!

이벤트 혜택

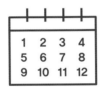

매월

100명 추첨

상품권 5천원권

이벤트 참여 방법

STEP 1
온라인 서점 또는 블로그에 리뷰(서평) 작성하기!

STEP 2
왼쪽 QR코드 접속 후 작성한 리뷰의 URL을 남기면 끝!

※ 상기 내용은 변동될 수 있으며, 자세한 내용은 QR코드 페이지를 참고해주세요.

정답은
이안에
있어!

수학 전문 교재

● 연산 학습

빅터연산	예비초~6학년, 총 20권
창의융합 빅터연산	예비초~4학년, 총 16권

● 개념 학습

개념클릭 해법수학	1~6학년, 학기용

● 수준별 수학 전문서

해결의법칙(개념/유형/응용)	1~6학년, 학기용

● 서술형·문장제 문제해결서

수학도 독해가 힘이다	1~6학년, 학기용
초등 문해력 독해가 힘이다 문장제 수학편	1~6학년, 총 12권

● 단원평가 대비

수학 단원평가	1~6학년, 학기용

● 단기완성 학습

초등 수학전략	1~6학년, 학기용

● 상위권 학습

최고수준 S	1~6학년, 학기용
최고수준 수학	1~6학년, 학기용
최강 TOT 수학	1~6학년, 학년용

● 경시대회 대비

해법 수학경시대회 기출문제	1~6학년, 학기용

국가수준 시험 대비 교재

● 해법 기초학력 진단평가 문제집	2~6학년·중1 신입생, 총 6권
● 국가수준 학업성취도평가 문제집	6학년

예비 중등 교재

● 해법 반편성 배치고사 예상문제	6학년
● 해법 신입생 시리즈(수학/영어)	6학년

맞춤형 학교 시험대비 교재

● 멸공 전과목 단원평가	1~6학년, 학기용(1학기 2~6년)

한자 교재

● 해법 NEW 한자능력검정시험 자격증 한번에 따기	6~3급, 총 8권
● 씽씽 한자 자격시험	8~7급, 총 2권
● 한자전략	1~6학년, 총 6단계

수학 문제해결력 강화 교재

AI인공지능을 이기는 인간의 **독해력** + **창의·사고력 UP**

수학도
독해가 힘이다

새로운 유형

문장제, 서술형, 사고력 문제 등
까다로운 유형의 문제를
쉬운 해결전략으로 연습

취약점 보완

연산·기본 문제는 잘 풀지만,
문장제나 사고력 문제를 힘들어하는
학생들을 위한 맞춤 교재

체계적 시스템

문제해결력 – 수학 사고력 –
수학 독해력 – 창의·융합·코딩으로
이어지는 체계적 커리큘럼

#서술형
#해결 전략
#문제 해결력
#요즘 수학 공부법

수학도
독해가
힘이다

+ AI인공지능을 이기는 인간의
독해력·사고력을 키우는 공부법
문제를 끊어 읽으면서 문장제 연습
따라 물기를 하면서 서술형 완성
단계별 학습을 통해 문제 해결력 향상

천재교육

초등
수학 **5-1**

수학도 독해가 필수!
(초등 1~6학년/학기용)